日本農業年報67

# 日本農政の基本方向をめぐる論争点
## ―みどりの食料システム戦略を素材として―

編集代表
**谷口信和**

編集担当
**安藤光義**

**石井圭一**

農林統計協会

# は　し　が　き

　2020年３月31日に新たな食料・農業・農村基本計画が閣議決定された時に、みどりの食料システム戦略が登場することになると誰が予想しただろう。みどりの食料システム戦略とは何か。何のために策定されたのか。当初は単なる国際会議向けの対策に過ぎないのではないかという見方もあったが、時間が経つにしたがい、その法制化も浮上してくるなど、今後の農政の方向性に大きな影響を与える可能性が高まってきた。

　そこで今回は『日本農政の基本方向をめぐる論争点―みどりの食料システム戦略を素材として―』という標題で特集を企画することにした。みどりの食料システム戦略の紹介と吟味を行うだけにとどまることなく、この戦略によって提起された日本農業の発展方向に関わる重要な論点について識者の見解を収録し、今後の議論に一石を投じることができればと考えている。その際、みどりの食料システム戦略に踏み出す契機となったとされる EU のファームトゥフォーク戦略など海外の農政の動向にも注意を払うことにしたい。

　詳細は各章を読んでいただければと思うが、最初に全体像を簡単に記しておこう。目次と重なる部分があるがご容赦願いたい。

　総論（谷口信和）は副題にあるように「農政の世界的潮流へのキャッチアップと課題」をまとめたものであり、みどりの食料システム戦略の世界的かつ歴史的な位置づけを整理している。

　それを受けて４つの大きな柱を掲げた。最初がこの戦略の鍵を握る有機農業との関係であり、国内と EU の経験に基づいて問題提起を行う。「有機農業100万ヘクタール」の数値目標はこの「戦略」で実現できるのか（中島紀一）、JAみやぎ登米という環境保全農業先発地から「みどり戦略」を考える（佐々木衛）、欧米の有機農業振興にみる経営支援と技術支援（石井圭一）の３本の論稿である。

　次の柱が基本計画との関係であり、政策としての整合性という視点から問題提起を行う。みどりの食料システム戦略はバックキャスティングアプローチをとっているか、食料自給率向上の実現可能性はあるのか（武本俊彦）、有機農業

と並んで重要な課題となる食品産業との関係はどのように考えればよいか（荒川隆）、基本計画にも部分的に記されていた持続可能性・SDGs との整合性はあるのか（古沢広祐）、この戦略を消費者団体はどのように捉え、評価するか（大西伸一）の 4 本の論稿である。

　3 つめの柱が海外との比較であり、環境重視へのシフトという視点から評価を行う。EU のファームトゥフォーク戦略との比較検討（平澤明彦）、アメリカの環境保護政策との対比（服部信司）、カナダと日本の事例に依拠し、この戦略が地域レベルでの食と農の未来をひらくための手がかりの提示（西山未真）、同じアジアの大国、中国の農業緑色発展の検討（菅沼圭輔）の 4 本の論稿である。

　最後の柱がこの戦略によって実現されることになる農地・国土の利用構造と地域社会はどうなるかという問題提起である。有機農業100万 ha 実現のための水田農業政策とのリンケージ（安藤光義）、有機畜産、放牧による有機農業100万 ha 実現の可能性とそのための条件（荒木和秋）、有機農業25％が実現した場合の農村社会の姿とそれに至る道筋（蔦谷栄一）の 3 本の論稿である。

　日本農業年報第67集に収録した総論を含めた15本の論稿が、農政に何らかのかたちで資することがあれば幸いである。


　2022年 1 月 8 日

　　　　　　　　　　　　　編集担当　安藤光義・石井圭一

# 『日本農業年報』の今後の刊行について

　今、日本と世界の農業は気候危機、新型コロナパンデミック危機、分断と対立の危機という、行き過ぎた新自由主義的なグローバリゼーションによってもたらされた未曽有の三重苦に見舞われ、経済社会の深刻な転換の渦中にある。こうした中で先進国農政は気候変動・生物多様性・有機農業への対応を軸とし、21世紀中葉を長期の着地点、2030年を中期目標年とする新たな方針の策定・実践の共同歩調を求められる重大な局面に立たされている。

　『日本農業年報67』はこのような問題意識から2021年5月に策定された「みどりの食料システム戦略」を素材として、日本農政の基本方向をめぐる論争点を欧米諸国の農政転換および国内農業の実態・課題と関連づけながら検討することにした。多くの読者が本年報所収の論稿の問題提起と対比させながら「みどり戦略」を吟味して頂き、よりよい政策の方向、実践のあり方を模索する上での一助になることを心から期待している。

　『日本農業年報』は第1～10集を中央公論社、第11～36集をお茶の水書房が刊行したが、1991年刊の第37集から本号・第67集までを農林統計協会から刊行してきた。しかし、専門図書出版をめぐる厳しい情勢により農林統計協会からの刊行継続は困難となり、本号をもって終了することになった。

　とはいえ、『日本農業年報』がこれまでに果たしてきた役割に思いを馳せ、今日の日本農業と農政がおかれている現実を直視するならば、刊行継続のあらゆる可能性を探求していくことが研究者としての社会的な責務ではないかと判断される。第36～37集の間には2年の空白があった。第67～68集へはスムーズな移行を実現すべく努力する決意である。これまでの読者のご支援に厚く御礼申し上げるとともに、引き続く叱咤激励をお願いして、報告に代えたい。

　2022年1月6日

編集代表　谷口信和

# 目　　次

# 総論　みどりの食料システム戦略
## ―農政の世界的潮流へのキャッチアップと課題―

谷 口 信 和

## 1．2020年基本計画に位置づけられていなかったみどり戦略
### ―策定過程の問題性―
### （1）基本計画は気候変動対策（みどり戦略）をどうみていたか

　2021年5月に公表された「みどりの食料システム戦略」（以下、みどり戦略と略記）は2050年までに農林水産業の$CO_2$排出実質ゼロ化を目指す、これまでの日本農政には見られなかったような壮大な超長期計画である。掲げられているKPIは2030年、2040年、2050年を目途とする野心的で極めて高い目標であり、農業と農産物[1]の調達から生産・加工・流通・消費にまたがる広範囲に及んでおり、その志を否定できないほどのロマンを感じさせるものだといってよい。

　だが、それだけに晴天の霹靂のような突然の公表と高い目標設定は筆者には大きな驚きであった。なぜなら、農業における中長期計画といえば法律に基づいた食料・農業・農村基本計画が2030年度を目標年度として存在しており、みどり戦略に先立って2020年3月に決定されたばかりである。筆者にとってはそこにみどり戦略の文言やその検討の方向性についての指摘が全くなかったからに他ならない。

　2020年基本計画は「農業の持続的な発展に関する施策」の最後の（8）に気候変動への対応等環境政策の推進を掲げ、①農林水産分野における気候変動に対する緩和策・適応策の推進として、2017年3月に制定された「農林水産省地球温暖化対策計画」（緩和策）の改定を指摘し、温室効果ガス排出削減目標の確実な達成に向けた取り組みの強化を図るとした。ただし、気候変動による被害を回避・軽減するための技術開発（適応策）の推進を指摘しているものの、

2018年に制定された「農林水産省気候変動適応計画」の改定には触れていない。

　次に、②生物多様性の保全及び利用の項では、食料生産が生物多様性に及ぼす影響に鑑み、原材料や資材調達を含めた持続可能な生産・消費の達成に向け、2012年制定の「農林水産省生物多様性戦略」の改定を提起している。みられるように農業のあり方が生物多様性の保全と密接に関連しているという視点は示されているが、気候変動と生物多様性の関連についての視野は提示されてはいない。

　これに続く③では、有機農業の更なる推進が掲げられてはいるが、これと気候変動との関連には全く触れていない。

　以上のように2020年の基本計画は、第1に、気候変動と生物多様性・有機農業の三者の密接な関連という2021年10月31日〜11月13日の気候変動枠組条約COP26（グラスゴー会議）で示されたような視点を全く有してはいなかったことが明らかである。第2に、このため、これら3つを統合し、後に「みどりの食料システム戦略」と呼ばれるような持続的な農業の発展方針を策定するといった問題提起はなされてはいなかったといわざるをえないであろう[2]。

## （2）基本計画決定直後に公表された EU「農場から食卓へ戦略」

　実は基本計画が決定された3月31日からわずか2カ月後の2020年5月20日にはEUの「農場から食卓へ戦略」が「欧州生物多様性戦略2030」と一体的な形で公表され、気候変動対策と経済成長の同時実現を目指す「欧州グリーンディール」の具体化がEUレベルではすでに進められていた。図総−1は、2019年12月11日に公表された欧州グリーンディールから、農場から食卓へ戦略を経て、2021年6月25日に合意された次期共通農業政策（CAP）改革案合意に至る経過を整理したものである。

　これによれば第1に、2020年の気候変動枠組条約のCOP26開催を念頭において、その前年2019年12月1日のEU新体制発足に合わせて、2050年カーボンニュートラル（温室効果ガス排出ゼロ達成）と脱炭素型経済成長をめざす欧州グリーンディールが公表されている。そこでは、気候変動対策に配慮しながら新たな経済発展をめざすといった消極的な姿勢ではなく、カーボンニュートラル

図総-1　「欧州グリーンディール」から「農場から食卓へ戦略」を経て次期CAP合意に至る
　　　　プロセス

| | | |
|---|---|---|
| | 2020.3.4<br>　欧州気候法案公表 | |
| | 2020.3.10<br>　欧州産業戦略承認 | |
| 2019.12.11<br>欧州グリーンディール公表<br>→2020　COP26対応<br>＝2050カーボンニュートラル<br>宣言＋脱炭素型経済成長 | 2020.3.11<br>　循環経済行動計画案公表 | |
| | 2020.5.20<br>　農場から食卓へ戦略公表 | 2021.6.25<br>次期共通農業政策（CAP）<br>（2023〜27）合意 |
| | 2020.5.20<br>　欧州生物多様性戦略2030公表 | |
| | 2020.5.27<br>　多年度財政枠組案（2021〜27）公表 | |
| | 2020.12.17<br>　多年度財政枠組（2021〜27）承認 | |
| | 2020.12.18<br>　CAP戦略計画の準備に関する提言 | |

注：網掛けはCAPに直接かかわる関連政策などを示している。
出所：山本麻沙子「ポスト・コロナの農業と食」みずほリサーチ＆テクノロジーズ、2020年6月24日；桑原田智之「EUにおけ
　　　る持続可能性確保と経済復興・成長に向けた取組」農林水産政策研究所［主要国農業政策・貿易政策］プロ研資料、第5
　　　号（2021.3）などにより筆者作成。

達成という気候変動対策自体をエンジンとする新たな経済成長モデルの提示に
眼目が置かれている。

　したがって第2に、グリーンディールの主要な内容を示す欧州気候法案（2020
年3月4日公表）から欧州生物多様性戦略2030（2020年5月20日公表）などに至る
諸政策・計画が2020年前半に次々に公表されるとともに、これらの長期戦略・
計画を実施する上で必要な多年度財政枠組までが2020年12月17日に承認されて
いる。

　そして第3に、農業に関しては食料システム戦略に該当する農場から食卓へ
戦略（F2F：Farm to Fork）が欧州生物多様性戦略と一体のものとして同時公表
されただけでなく、2020年12月には多年度財政枠組の承認と合わせて、EU加
盟国全体に「CAP戦略計画の準備に関する提言」が発出され、やがて合意さ
れるCAP改革案を踏まえて加盟各国独自の農業政策の策定が呼びかけられて
いることも注目されるところであろう。

　さらに第4に、こうした前提条件の構築の上に、2021年6月25日に2023〜

2027年を実施年とする次期CAP改革案が合意され、加盟各国の農業政策の策定という次の段階に移行しているのが現状である。

　以上の整理から明らかなことは、第1に、EUの新たな経済政策体系＝グリーンディールは気候変動枠組条約と生物多様性条約という国際的な枠組みを起点として、これへの対応の視点から（とくに2020年開催予定だったCOP26を強く意識して）構築されている。その際、気候変動枠組条約に基づく地球温暖化対応が第1の地位を占めていることが重要である。

　第2に、グリーンディールの農業・食料産業政策である農場から食卓へ戦略は生物多様性戦略と一体的にとらえられ、実施される形となっている。畑作を基本とし、降水量の少ないEUでは化学農薬・化学肥料の過剰投下による生物多様性の毀損や土壌・環境汚染に対する批判が強いことが背景にあるといえる。

　第3に、具体的な農業政策であるCAPは以上のような枠組みの上にEUレベルでの予算措置を前提にして、加盟各国の独自政策としての実施計画が策定段階に入っている。

　このようなEUの農業政策形成プロセスと農業政策体系を1つの座標軸として日本のみどり戦略の形成プロセスを検討してみよう。

## （3）決定後に示されたみどり戦略の立ち位置

　ところで、みどり戦略が公表されてからCOP26を迎えるまで、筆者にとってはみどり戦略の立ち位置を正確に理解することは決して容易ではなかった。しかし、その難問の解答の1つが突然に現れた。それが図総－2である。これはCOP26開始直前の2021年10月14日に開催された農水省の「第5回新農林水産省生物多様性戦略検討会」の説明資料の一部である。これによると、第1に、2015年のCOP15においてパリ協定として合意された気候変動枠組条約と生物多様性条約が密接不可分な関係にあるものとして認識されている（先の基本計画での認識とは異なる）。

　第2に、パリ協定に対応した日本の気候変動対策は、閣議決定される地球温暖化対策計画（温暖化緩和策）と気候変動適応計画（気候変動適応策）がやはり密接不可分な関係にあるものとして認識されるとともに、2021年10月22日 [3]

図総-2　農政当局によるみどり戦略の位置づけ

みどりの食料システム戦略と当省が策定する気候変動等に係る計画について

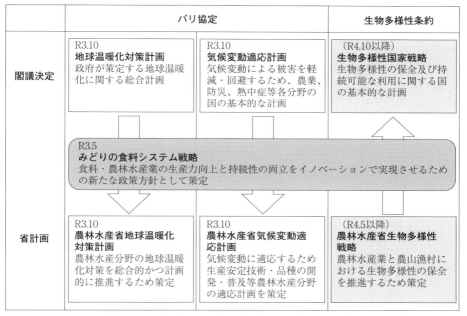

（出所）農水省「第5回新農林水産省生物多様性戦略検討会　説明資料」2021年10月14日、スライド5。

に同時決定されている。

　第3に、閣議決定を踏まえて、農林水産省の省計画として第2に掲げた2つの計画が10月27日に決定されている。COP26開催のわずか4日前という日程であった。

　第4に、これに対して生物多様性戦略は締約国会議のCOP15の第1部が2021年10月11〜15日に中国・昆明で開催され、そこで採択された宣言には2022年4〜5月開催予定の第2部で「ポスト2020生物多様性枠組」の採択を行う決意が記載されているという。そして、気候変動対策とは逆の順序で、2022年5月以降に農林水産省計画が、10月以降に閣議決定の生物多様性国家戦略が決定されることになっている。

　そして第5に、これらよりも5か月早く公表されたみどり戦略はこれらの国

家戦略と省計画を媒介する位置づけが与えられていることが明らかである。

　すなわち、本来ならばみどり戦略は、気候変動枠組条約と生物多様性条約の国際合意に基づいてか、あるいは国際合意をめざして策定される3つの閣議決定・農水省計画を踏まえて策定されるべきものだった。しかし、表中に示される策定時期の逆転は、2020年5月にEUが農場から食卓へ戦略を生物多様性戦略と同時に公表したのに合わせて、農水省としてはこれに匹敵する食料システム戦略の早急な検討の必要性を認識し、同年9月から本格的な「検討会」を開始し、ほぼ半年後の2021年3月「中間取りまとめ」、5月公表に至ったことに基づいている。

　具体的には9月9日の準備会合で農水省の「みどりの食料システム戦略」検討会が開始されるとともに、10月16日の野上農水大臣の会見でみどり戦略の策定方針と日程が提示された。菅首相が所信表明で2050年カーボンニュートラルを宣言したのはそれから10日後の10月26日であった。地球温暖化対策の基本方針が宣言される以前に、みどり戦略の策定方針が先行していたことが重要である。そこには、EUの政策決定プロセスとの大きな落差が存在しており、内閣としての地球温暖化対策への消極性が影響しているといわざるをえない[4]。その後の農水省の対応は2020年11月18日のみどり戦略（仮称）検討チーム設置（チーム長は大臣政務官）、12月21日の戦略本部設置（本部長は農水大臣）と猛スピードで進んだことはいうまでもない。

　しかし、こうした地球温暖化対策とみどり戦略の決定順序におけるねじれと、後者の決定プロセスの拙速性はみどり戦略の内容に少なからず影を落とすことになった。

## 2．みどり戦略の構成とロジック―論点の抽出―

　ここではみどり戦略の概要を要約し（あえて「概要」と題されているポンチ絵を参照し、どこまで内容が絞られているかに注目する）、簡単なコメントを加えておきたい。戦略の副題として「食料・農林水産業の生産力向上と持続性の両立をイノベーションで実現」が掲げられている。しかし、地球温暖化を契機とする気候変動が「地球存亡の危機」と位置づけられている現実を踏まえれば[5]、生産

力向上と持続性は両立の関係としてとらえられるべきではなく、持続性が前面に出て、生産力向上は後景に位置づけられるべきではないかと思われる。また、イノベーションがもっぱら技術革新の側面で把握されているが、持続性を担保するような生産力の組み立てといった社会的な側面にも光を当てるべきではないかと考えられる。

## （1）現状と今後の課題

　現状としては、①生産者の減少・高齢化、②温暖化、大規模災害、③コロナを契機としたサプライチェーン混乱、内食拡大、④SDGsや環境への対応強化、⑤国際ルールメーキングへの参画が指摘されるとともに、農場から食卓へ戦略やアメリカの「農業イノベーションアジェンダ20.2」が参考に掲示され、課題として「農林水産業や地域の将来も見据えた持続可能な食料システムの構築が急務」とされている。

　ここでは、④の環境の中に生物多様性への言及がみられるものの、それは状況説明の枕詞として使用されているにすぎず、以下の具体的な課題を示す「目指す姿と取組方向」や「期待される効果」においても生物多様性についてはほとんど触れられてはいないことが指摘される。すなわち、みどり戦略においては生物多様性の維持・確保に関する位置づけが著しく低いことが特徴となっている。

## （2）目指す姿と取組方向

　第1に、2050年までに目指す姿としては、調達、生産、加工・流通、消費の各段階での農林水産業の$CO_2$ゼロエミッション化実現が包括的な課題として提起された上で、具体的な数字や期限を掲げた目標として以下の項目があげられている。

　①化学農薬の使用量（リスク換算）の50％削減、②輸入原料や化石燃料を原料とした化学肥料使用量の30％低減、③耕地面積に占める有機農業（無農薬・無化学肥料）の取組面積の割合を25％（100万ha）に拡大、④2030年までに食品製造業の労働生産性を最低3割向上、⑤2030年までに食品企業における持続可

能性に配慮した輸入原料調達の実現を目指す（林業・漁業を除く）。

　第2に、戦略的な取組方向として、①2040年までに革新的な技術・生産体系の順次開発（技術開発目標）、②2050年までに「政策手法のグリーン化」を推進し、革新的な技術・生産体系の社会実装の実現（社会実装目標）が指摘されている。

　目指す姿は、数値目標の多くがEUの農場から食卓へ戦略と酷似しており、そちらが期限を2030年としているところを、日本の場合は農業分野に関わる①～③については期限を2050年に20年ほど先送りしている点が異なっているところである。

　これらの目指す姿の実現可能性がどこまであるのかという点が最も多くの農業関係者や研究者の疑問や批判になっていることはいうまでもない。とくに、注目されているのが有機農業取組面積25％（100万ha）目標である。表総－1に示したように、有機JAS認証を取得していない面積をも含めた有機農業の取組面積は最新の2018年でも2万3,700haと耕地面積の0.53％でしかない上に、2009年からの9年で7,400haの増加、耕地面積に対する割合では0.18％の増加に止まっているからである。これを2030年の6万3,000haを経て2050年に100万haにするというのはとても現実味がある目標とは言い難いところであろう。ちなみに、EUの目標も2030年に農地の25％を有機農業とするものであり、EU27か国でみると2013年の実績5.9％が6年後の2019年に8.5％にまでしか増加していない中での目標達成はそれほど容易ではないといえる[6]。しかし、EU

表総－1　有機農業取組面積と2050年目標

| 年 | 取組面積<br>（万ha） | 耕地面積に占める<br>割合（％） |
|---|---|---|
| 2009 | 1.63 | 0.35 |
| 2013 | 2.04 | 0.45 |
| 2017 | 2.35 | 0.53 |
| 2018 | 2.37 | 0.53 |
| 2030 | 6.30 | 1.52 |
| 2050 | 100.00 | 25.00 |

出所：取組面積は農水省「有機農業について」2021年3月および、同「有機農業の推進に関する基本的な方針」2020年4月による。
注：1．2009～18年は実績。2030～50年は見込み。
　　2．耕地面積に占める割合は耕地面積統計から筆者算出。2030年は基本計画の見通し、2050年はみどり戦略による。

では2019年現在でほぼ15％以上に達している国がオーストリアの25.3％をはじめ、エストニア・スウェーデン・チェコ・イタリア・ラトビアなど6か国に及んでいること、日本とは異なって有機農業面積に占める草地の割合が高いことから、目標達成のハードルは相対的には低いといえる。

　したがって、日本の場合には農薬や化学肥料の使用量の削減をいきなり有機農業の飛躍的拡大に求めるのは現実的ではなく、むしろ減農薬・減化学肥料といった広義の環境保全型農業への移行を進めることが基本であり、その頂点に有機農業を抱くような構造の実現をめざすのが実態に即した処方箋となるだろう。

　また、取組方向に関しては「政策手法のグリーン化」として、①2030年までに施策の支援対象を持続可能な食料・農林水産業を行う者に集中する、②2040年までに技術開発の状況を踏まえつつ、補助事業についてカーボンニュートラルに対応することを目指し、補助金拡充、環境負荷軽減メニューの充実とセットでクロスコンプライアンス要件を充実するとしている。しかし、ここでも①では選別と集中という従来型の担い手確保路線が継承されており、地球温暖化に関わるような広範な担い手の参加・組織化が必要な領域への対応としての不十分性を指摘せざるをえない。また、②では技術開発の先行を条件として2040年までにクロスコンプライアンス要件を充実するとしているが、畜産における舎飼から放牧への転換など、それほど大げさな技術開発を要しないカーボンニュートラル対応はすぐにでも取組可能なことなどが考慮されておらず、やや技術的なイノベーション偏重が気になるところである。

## （3）期待される効果

　ここでは、経済、社会、環境に分けて期待される効果が提示されている。経済では、①輸入割合の高い肥料・飼料などの資材やエネルギー・原料の調達において、輸入から国内生産への転換が進むことによる関連産業の活性化、②環境への配慮を通じた国産品の評価向上による輸出拡大、③新技術を活かした多様な働き方、生産者のすそ野の拡大によって持続的な産業基盤が構築されるとしている。このうちの①は極めて重要な視点だが、輸入から国産に転換するこ

とが関連産業の活性化＝持続的な産業基盤構築とだけ結びつけられている点が問題である。むしろ、これが直接に $CO_2$ 削減を通じて地球温暖化対策に貢献すること、地産地消・地域内循環型経済へのシフトを通じて、そこでも $CO_2$ 削減を実現するという正のスパイラルが生まれることをこそ重視すべきだと思われる。この点は重要なので３で取り上げることにしたい（論点１）。

社会では、①生産者・消費者が連携した健康的な日本型食生活、②地域資源を活かした地域経済循環、③多様な人々が共生する地域社会の実現によって国民の豊かな食生活、地域の雇用・所得増大が達成されるとしている。このそれぞれが達成されることには全く異存がない。しかし、ここでも問題はこれらのことが地球温暖化対応等とどのように関連しているのかがやはり明瞭ではないことであろう。これまた、３で検討することにしたい（論点２）。

環境については、①環境と調和した食料・農林水産業、②化石燃料からの切替によるカーボンニュートラルへの貢献、③化学農薬・化学肥料の抑制によるコスト低減を通じて、将来にわたり安心して暮らせる地球環境の継承が図れるとしている。これらについても全く異存がない。

そこで、以上の検討を踏まえて、みどり戦略をめぐる３つの重要な論点を取り上げることにしたい。みどり戦略は、向後10年＝2030年を目標年とする農政に関わる基本計画が策定されてしまった後で構想されざるをえなかった。そのため、みどり戦略は国際ルールメーキングに参画するという名目で農場から食卓へ戦略の目標をほとんど模倣する一方、達成年を2030年から2050年に先送りし、その間にこれまでの対応の遅れをイノベーションによって克服するという方針に落ち着かざるをえなかったのではないか。このため、みどり戦略には基本計画が掲げる二大目標＝食料自給率の向上とそれを支えうる担い手のあり方に対するコメントが全くないまま、2050年までの農政方向を決定づけるような位置づけが与えられてしまったということができる。上述の二つの論点は食料自給率の向上に関わるものであり、もう１つの論点はみどり戦略を実践する担い手が不明確だということである。

## 3．みどり戦略をめぐる3つの重要論点—改善の方向性—

### （1）食料自給率向上こそみどり戦略の中心課題ではないか（論点1）

　実はみどり戦略が決定された直後の6月に公表された「持続的な畜産物生産の在り方検討会　中間とりまとめ」は、みどり戦略の中にもっと明示的に取り込まれるべきであった重要な内容・ロジックが含まれている。そこで、下線部のように筆者の視点を加え、網掛けに見解を述べる形で、以下のように整理してみた[7]。

　①輸入飼料に過度に依存する日本の畜産はグローバルな窒素循環の観点から歪みになっており、環境負荷を与えている。家畜排泄物由来の、輸入飼料相当分の $CH_4$ や $N_2O$ は土壌に還元されることなく環境負荷を与えている—自給飼料に基づく家畜飼養であっても、糞尿の土壌還元がされない部分は環境負荷を与えることになるが、輸入飼料はそもそも国内の農地基盤を有さないわけだから、これに基づく糞尿由来の $CH_4$ や $N_2O$ の全量が環境負荷となる。

　②輸入飼料の国産自給飼料による代替は船舶による飼料輸入に伴う $CO_2$ 排出を大幅に削減するとともに、他方で畜産経営の自給飼料生産や、畜産経営と飼料生産を行う耕種経営との連携を通じた地域における飼料生産の増大（飼料自給率の向上）は家畜由来の $CH_4$ や $N_2O$ の土壌還元＝削減に大きく貢献する[8]—輸入飼料の国産自給飼料による代替がそれだけで地球温暖化防止策になるという点は極めて重要なので、後に詳述する。

　③国産自給飼料と堆肥の地域内循環や、良質堆肥の広域的流通を通じた資源循環による耕畜連携の拡大は、一方で飼料生産経営や堆肥を利用する耕種経営における化学肥料の削減を通じて $CO_2$ 削減に貢献するとともに、他方で飼料自給率の向上と畜産物生産の増加を通じて食料自給率の向上に大きな役割を果たす—耕畜連携を通じた国内飼料生産の拡大は飼料自給率の向上を媒介として畜産物と食料のカロリーベース自給率の向上＝持続的な食料供給に貢献する。また、化学肥料などの投入を中止・削減する有機農業や環境保全型農業の展開のためには豊富な良質の堆肥の生産・投入が不可欠であり、自給飼料基盤に基づいた畜産物の生産拡大・食料自給率向上は地球温暖化防止と結合する可能性を有している。そこに国内畜産の発展の方向性を見出すことが重要であろう。

　④堆肥交換・耕畜連携を通じた地域農業の発展は、一方で持続的な農業経営と地域経済社会発展の礎となり、他方で多様な農業経営の共存と生物多様性維持に貢献する—この点は3.2で検討する。

　⑤有機畜産はそうした発展過程における畜産経営の１つの到達点としての位置を占めることになるだろう—有機畜産は飼料生産部門の有機農業化が前提となるため、著しくハードルが高いので、牧草などの粗飼料生産や放牧で先行することにならざるをえないものと思われる。

　そこで、②について吟味してみたい。表総−２は飼料用とうもろこし（子実コーン）を国産とアメリカ産について$CO_2$排出量の大小の点から比較した日向貴久氏の研究の一部である。北海道の畜産経営を想定して、ここに北海道とアメリカの生産者から飼料用とうもろこしを供給した場合の生産と輸送の全過程で排出される$CO_2$量をライフサイクルアセスメント LCA（Life Cycle Assessment）

表総−２　国産とアメリカ産とうもろこし利用における$CO_2$排出量（g-$CO_2$eq/kg）の比較

| 過程 | | 国産 | アメリカ産 |
|---|---|---|---|
| 生産 | 直接排出（使用機械燃料） | 50 | 46 |
| | 直接排出（使用乾燥施設燃料） | 81 | 57 |
| | 間接排出（肥料・農薬等生産時燃料） | 113 | 42 |
| | 小計 | 244 | 145 |
| 輸送 | 圃場から積み出し港 | − | 41 |
| | 海上輸送 | − | 90 |
| | 飼料工場への輸送＝80km（圃場・荷揚げ港から） | 15 | 15 |
| | 飼料工場から畜産経営への輸送150km | 29 | 29 |
| | 小計 | 44 | 174 |
| $CO_2$排出量（g-$CO_2$eq/kg）合計 | | 288 | 319 |
| アメリカ産＝100とした指数 | | 90.3 | 100 |

出所：日向貴久「国産子実とうもろこしの経済性および環境に与える影響」日本農業経営学会2021年９月19日個別報告資料から、引用作成。

注：１．LCA手法に基づいた、1kgのとうもろこしの生産・流通時に使用された化石燃料に由来する$CO_2$排出量（g）を算出した。生産時は機械と乾燥施設の稼働に関する排出量。肥料・農薬等の資材はそれらの生産時に使用された化石燃料に由来する$CO_2$排出量。

　　　２．飼料工場への輸送は国産が有機生産経営（北海道内）から、アメリカ産は荷揚げ港苫小牧港から飼料工場までの距離を80kmと想定した。

　　　３．畜産経営への輸送は飼料工場から150kmと想定した。

　　　４．飼料生産経営の燃料や原材料使用量の推計は日本が北海道の農家３戸の生産費調査結果により、アメリカはUSDA統計による。

手法を用いて計算したものである[9]。

　これによると、第1に、生産段階での$CO_2$排出量はとうもろこし1kgに対して、アメリカ産145 g-$CO_2$eq/kg、国産244 g-$CO_2$eq/kgであって、アメリカの方がかなり少ない。そこには作付面積規模の差を反映した機械・施設に関わる投入の差に起因する直接排出の差が影響してはいるものの、間接排出の差（アメリカ42 g-$CO_2$eq/kg〜日本113 g-$CO_2$eq/kg）が決定的である。背景にはとうもろこし生産に向いた風土的な条件に加えて、遺伝子組み換え品種採用の影響が肥料・農薬投入量の低位性として存在している。

　第2に、アメリカ産は生産点から日本の輸入港までの輸送に起因する排出量131g-$CO_2$eq/kgが日本国内の共通の輸送に関わる排出量に付加される結果、国産の44 g-$CO_2$eq/kgに対して、174 g-$CO_2$eq/kgにも達している[10]。

　その結果第3に、合計でみると国産が288 g-$CO_2$eq/kgで、アメリカ産の319 g-$CO_2$eq/kgよりも約10%少ないことになる。

　とうもろこし1kgの生産レベルでみられる$CO_2$排出量におけるアメリカ産の優位性は輸送距離の長大性によって完全に帳消しされ、利用レベルでの国産優位が実現しているわけである。アメリカ産とうもろこしの国産に対する価格上の優位性は依然として存在しているとしても[11]、$CO_2$排出量における地球温暖化への否定的な影響はそれを上回っていることが分かる。かつてフードマイレージの大きさから問題にされた日本の農産物（飼料）輸入は、トータルにみた$CO_2$排出量の大きさの問題として把握し直され[12]、国産＝自給率向上の新たな意義を照射するものといえよう[13]。島国である日本は北米・南米・オセアニア・東南アジアなど遠方から大量の農産物を船舶で輸入しているが、これを国産に切り換えるだけで$CO_2$排出量を削減できる可能性がかなりあることになる。地球温暖化問題への対応を課題とするみどり戦略が食料自給率向上に正面から取り組む意義がそこにある。それが食料輸入大国であり島国でもある日本のみどり戦略における特殊性だというべきであろう。

## （2）地産地消・地域的資源循環・耕畜連携に基づく地域農業の意義（論点2）

すでに論点1の検討でも明らかになったように、日本における食料自給率の向上自体が地球規模での$CO_2$削減に大きく貢献する可能性が大きい。その際、飼料と堆肥の交換を軸とする耕畜連携の地域的な組織化＝輸送距離の短縮化（経営内複合が困難な場合の地域的複合化という視点）は$CO_2$削減に追加的な効果をもたらすことはいうまでもない。同様に地産地消という農産物自給方式は、①食料の生産点と消費点の接近＝輸送距離の短縮を意味するから$CO_2$削減に貢献するだけでなく、②モノカルチャー的な地域農業構造を脱却して、多様な農産物を供給しうる地域農業構造への転換を促すことを通じて、地域における生物多様性の確保を保証するとともに、③多様な農産物を供給する地域農業の多様な担い手に地域的な定住条件を提供することに結びつくといってよい。総じて、みどり戦略においてはイノベーションの担い手としての個別経営体に対する視野は明確だが、それらの担い手が存在している地域農業[14]に対する視野が弱いことが以上のような問題領域への接近を妨げている点が気になるところである。

## （3）担い手の姿が見えるイノベーションと持続性確保の必要性（論点3）

日本農業の担い手問題は当然のことだが、食料自給率の向上と並んで基本計画の中心テーマの1つである。そして、2020年基本計画に登場した「その他の多様な経営体」には「継続的に農地利用を行う中小規模の経営体」と「農業を副業的に営む経営体（地域農業に貢献する半農半Xや定年帰農など）」が含まれていたことから、基本法・基本計画における担い手論が「多様な担い手論」にシフトしたのではないかという期待が寄せられている。しかし、筆者は「担い手＝効率的かつ安定的な農業経営（中心的な担い手）＋その他の多様な経営体」ならば「多様な担い手論」だといえるが、基本計画が採用している「担い手＝効率的かつ安定的な農業経営」と「その他の多様な経営体」のダブルトラックは、前者が経営政策の対象を示し（経営局の担当）、後者が地域政策の対象（農村振

興局の担当）とされているという点で「多様な担い手論」とは異なるものだと判断している[15]。

　みどり戦略は基本計画との関連をほとんど問わない形で、スマート農業の延長線上のイノベーションの社会実装を通じて2050年のゼロエミッション化＝脱炭素化・環境負荷軽減を推進するとしている。しかし、スマート農業などは地域と多様な担い手（筆者の用語法では中心的な担い手とその他の多様な経営体）の組み合わせによって異なる技術体系・営農類型と結びつけて提起すべきものであり[16]、30a の有機農業（露地野菜）を営む半農半 X の経営に無人走行トラクターを提案することは余り意味がありそうには思えない。

　したがって、2050年を展望するような壮大な食料システム戦略を真に実効性のあるものにするためには、一方で基本計画・基本法における担い手政策の吟味を2050年ゼロエミッション政策に即して早急に行う必要性があり、他方で食料システム戦略を新たな担い手政策に即したものとして、再検討する必要があるだろう。その際、3.2で提起したように地域農業の意義を明確にし、「担い手＋地域農業＋新たな技術に基づく営農体系」のセットで目標を提示することが求められるのではないか。


　みどり戦略は農水省の総力を挙げた新たな農政展開の方向であるから、これに対して枝葉末節の批判をすることは決して有意義ではない。しかし、それだけ壮大な農政展開の方向を指し示すものである以上、関係者・国民の間の真に広範な議論と熟議を踏まえた決定と実践が求められるのではないか。急がば回れ Eile mit Weile. という単純な言葉にこそ真理が宿っていることを忘れてはならないだろう。


## 注

1 ）本稿を含む本書においては「みどりの食料システム戦略」が対象としている森林・林業（そもそも食料ではないのだが）と漁業・水産業・養殖業（みどりの食料という用語法にはなじまないと思われる）を除いた農業・食品産業を扱うことにしている点に注意されたい。

2 ）ただし、（8）の最後の⑥では「持続可能な農業を確立するため、有機農業をはじ

めとする生物多様性と自然の物質循環機能が健全に維持され・・・る取組」との表現で持続的な農業と有機農業・生物多様性の関連が示唆されてはいるが、これらを統合する最も重要な契機である気候変動（地球温暖化）に触れていないところが致命的な弱点だったといえる。『2020年3月閣議決定　食料・農業・農村基本計画』大成出版社、2020年、53〜55ページ。

3）図1にはR3.10としか記載されていないが、本文には具体的な月日を示した。

4）日本の気候変動枠組条約と生物多様性条約への国際対応と国内対応の経過と問題点については、谷口信和「「みどりの食料システム戦略—その可能性と現実性」をめぐって—リードに代えて」『農村と都市をむすぶ』2021年12月号、4〜13ページでやや詳しく検討した。

5）COP26の直前に公表された気候変動に関する政府間パネル（IPCC）第6次評価報告書は、①人間の影響が地球温暖化をもたらしてきたことは疑いがないと断定した上で、②温室効果ガスの排出を大幅に減少しない限り、21世紀中に地球温暖化は1.5℃〜2.0℃を超えると指摘している。環境省報道発表資料2021年8月9日による。

6）桑原田智之「EUにおける持続可能性確保と経済復興・成長に向けた取組」農林水産政策研究所［主要国農業政策・貿易政策］プロ研資料第5号（2021.3）が農場から食卓へ戦略における有機農業の目標達成の可能性について詳しく検討しており、それを参照した。

7）参照したのは中間取りまとめのほか、資料5-3「持続的な畜産物生産の在り方検討会における説明資料」などである。食料・農業・農村政策審議会　畜産部会（令和3年度第1回）配布資料）参照。

8）実は2022年度予算概算要求において、「環境負荷軽減に向けた持続的生産支援対策」の一環として、輸入飼料の購入量を削減し、水田における自給飼料の生産を拡大し、化学肥料を極力削減し、適切な量の対比を使用する取組に対して、とうもろこしでは8.8万円/10a、牧草でも2.4万円/10aの交付金を交付する対策が新設されたことは「中間とりまとめ」の提言に沿ったものである。

9）日向貴久「国産子実とうもろこしの経済性および環境に与える影響」日本農業経営学会2021年9月19日個別報告資料。なお、日向氏が依拠したLCA法の具体化を通じた実証の成果については、小林久・柚山義人「LCA手法を適用したバイオマス資源循環の評価—肉用牛・耕種複合経営の物質フローとリサイクルプロセスの事例分析」『農業土木学会論文集』No.241（2006.2）、13〜23ページを参照されたい。

10）国際海運（国際航空）に関わる$CO_2$排出量は、気候変動枠組条約においては国別の排出量ではなく、国際海運分野に計上され、国際海事機関IMOでの削減対策に委ねられている。ただし、内航海運については国別の排出量に計上され、各国別に対策が検討されている。ところが、EUでは2021年7月14日に提案された気候変動法案パッケージFit for 55においてEU排出量取引制度EU-ETSを改正し、海運分野に適用することにしており、EU域外との国際海運がこれに該当する。現状において、アメリカからの飼料輸入削減＝貨物運輸量削減にともなう$CO_2$排出量減少が国際海運分野にカウントされるのか、それとも日本農業分野にカウントされるのかについての正確な知識を筆者は持ち合わせてはいない。しかし、排出権取引の分野が拡大

する状況にあることを考慮すれば、国際海運そのものの努力にはよらない飼料自給率の向上を通じた国際海運による飼料輸送量の減少は日本農業の$CO_2$排出量削減にカウントすることを主張する根拠は十分にあるものと考えられる。また、国際海運における$CO_2$排出量削減は貨物量の削減を主眼としたものではなく、新造船における技術革新・低炭素燃料の開発といった技術面に集中していることはいうまでもない。国土交通省「国際海運GHGゼロエミッションプロジェクト」第1回会議配布資料GHG戦略21-1-1-1「国際海運の気候変動対策の全体像」2021年8月4日参照。

11）日向氏はアメリカ産輸入とうもろこしの市場価格と北海道の3戸の農家の全算入生産費を比較している。前者35円/kgに対して、後者は125円/kgとなっているが、日本では水田活用の直接支払交付金（水田転作での作付を想定している）と単収800kg/10aの確保により再生産が可能と結論づけている。重要な点は現時点での価格差ではなく、総合的にみた$CO_2$排出量の差である点を強調しておきたい。

12）中田哲也「「フード・マイレージ」について」食料・農業・農村政策審議会企画部会地球環境小委等会等3小委員会合同会議配布資料、2008年9月30日を参照されたい。そこではカーボンフットプリントと呼ばれるLCA手法による、今日採用されている排出量算定方式の必要性が提起されている。

13）個々の農作物ごとに国産と輸入元産の$CO_2$排出量（生産＋輸送）は異なっているから単純に国産が少ないとは言い切れないので、表総−2のような計算を是非農水省で行って欲しいものである。

14）地域農業の視点の重要性については、谷口信和「総論　2020年食料・農業・農村基本計画の歴史的な位置と課題」『日本農業年報66　新基本計画はコロナの時代を見据えているか』農林統計協会、2021年5月、1〜23ページを参照されたい。

15）以上の点についてはすでに、谷口信和「2020年基本計画をどうみるか—二度目の悲劇に終わらせてはならない」『農村と都市をむすぶ』2020年6・7月合併号、4〜23ページで詳しく検討してある。なお、みどり戦略の担い手問題を詳しく論じたものに、小田切徳美「「みどりの食料システム戦略」の担い手像」農文協ブックレット23『どう考える？　みどりの食料システム戦略』2021年9月、43〜48ページがある。

16）スマート農業などのあり方についての議論は筆者の論稿も含めて、『農村と都市をむすぶ』2020年5月号の「特集　スマート農業をめぐって」を参照されたい。

〔2021年11月26日　記〕

第Ⅰ部　みどり戦略にみる「有機農業」の提起をめぐって

# 第1章　「有機農業」の農業論と「みどりの食料戦略」
### ―「有機農業100万ヘクタール」の数値目標はこの「戦略」で実現できるのか―

中　島　紀　一

## 1．「2050年に有機農業を100万 ha」の驚き

　農水省の政策文書が久々に話題を呼んでいる。「みどりの食料システム戦略」（2021年5月・以下「みどりの食料戦略」と略）が2050年までに有機農業の面積を100万 ha、全国の農地の4分の1までに拡大するとの思いきった数値目標を盛り込んだからである。

　有機農業は古くから続いてきた草の根の農業運動だが、国はそれに対して一貫して否定的な対応をしてきた。大きく転換したのが2006年の有機農業推進法の制定だった。この法律は超党派の議員立法によるもので、両院において全会一致で可決成立した。そこでは、有機農業は国民が期待するあり方であり、国や自治体はその推進に責務を負う、と定められた。以来、有機農業嫌いのそれまでの国の政策は、一応は改められ、有機農業推進は民と官が協力して進める建前が作られた。しかし、現実には有機農業が顕著に広がるという状況とはならず、まだ全農地の1％程度にとどまっている。

　推進法制定で、民間の取り組みはかなり活発化したが、有機農業推進に関して法的責務を負ったはずの国や自治体の取り組みは、法律制定後15年を経ても、部分的で微弱なものにしかなっていない。

　1999年に、農業の多面的機能の重視や食料自給率向上をうたった「食料・農業・農村基本法」が制定された。2005年には、食育は知育・体育にならぶ教育の基本だと位置づける食育基本法が制定され、そして翌年には有機農業推進法

の制定へと進んだ。

　このように21世紀の初頭には、生産性や経済性だけを重視する産業政策最優先の農政から、環境や持続可能性も重視する複眼的農政へと進もうとする新しい流れは確かに開始された。しかしその後、2010年頃からは、せっかく始められたその流れはきわめて微弱となり、担い手を狭く設定し、いわゆる「強い農業」だけを追求する「攻めの農政」が強力に推進されるようになってしまっている。

　そんな農水省が、突然に、有機農業の大拡大を宣言したのである。この情報に接した草の根の実践者らからは、当初は、報道の間違いではないかとの戸惑いまで出ていた。識者からのコメントも、この宣言には現実的根拠がない、空論と言わざるを得ないというものがほとんどであった。

　しかし、私は、国のこの提案は歓迎されるべきことだと受け止めている。それを空論として終わらせるのではなく、むしろ遅れてきた好機として受け止め、そこへの現実的大道を思いきって開いていくことが必要だと私は考えている。

　2006年、有機農業推進法制定が準備されていた時に、有機農業推進議員連盟の会長をされていた谷津義男氏（1934～2021、元農水大臣）は、有機農業の推進目標として全農地の50％を目指したいと明言しておられた。また、推進法制定後、第１期基本方針策定の頃、草の根のリーダーからは、100万 ha くらいの数値目標を盛り込むべきだとの提案もされていた。

　そこへの現実性は厳しく問われなければならないが、それを架空の夢目標としてしまうのではなく、100万 ha という数値目標は、社会的に期待される妥当な、むしろ控えめな目標であり、達成時期は2050年などの遠い先ではなく、SDGs などの達成時期とされる2030年頃に早めて、国民的な取り組みとしてしっかりと確定していくことが必要だと私は考えている。

## ２．「みどりの食料戦略」の政策論としての構造

　この戦略に関して社会的注目を呼んだ有機農業拡大へのかなり思いきった数値目標提起についての私の感想は上記のようなのだが、検討すべき課題はそこへの現実的大道をどのように開くのかにある。

## （1）「生産性向上と持続性の両立はイノベーションで」？

　この政策のサブタイトルは「食料・農林水産業の生産性向上と持続性の両立をイノベーションで実現」となっている。このタイトルからは、この政策は基本的な錯誤の上に組み立てられていると読み取れてしまう。この「両立」は、農政だけでなく、全社会的な、さらには全世界的大課題であり、これまでさまざまな提言や取り組みが重ねられてきたが、現実には地球的環境問題などについての状況はむしろ深刻化が進んでいる。それが「イノベーションで実現される」などと安易に認識している識者はどこにもいないだろう。

　この2つの大目標の両立には、農業も含む社会のあり方の大きな転換が不可欠であり、さまざまなイノベーションは、その大転換をサポートする役割が期待されるのであり、そうした社会の大転換なしに、イノベーションによって両立が実現するなどという論は、あまりにも安易な空論と受け止めざるを得ない。

　なお、言うまでもないことだが、一般論としてイノベーションは、良い結果ばかりでなく悪い結果を生んでしまうこともある。その普及が思わぬ悪影響を生じてしまうことも少なくない。この戦略文書の直接の関わり事項で言えば、化学肥料も化学農薬も、最近の遺伝組換えやゲノム編集もイノベーションの代表的産物である。こうした経験は、イノベーションの推進には慎重な検討が必要だということを教えている。そこでは取りあえずの効用だけでなく、環境問題も含めた多角的見地からの慎重な評価の視点が不可欠なのだ。

　こうした短絡的な軽薄さは、この政策文書の「はじめに」や「本戦略の背景」の記述や論理構成に実に端的に示されている。そこからいくつかの論点を指摘しておこう。

## （2）「担い手の減少や弱体化を補うスマート農業」？

　この文書では、現在の日本農業は、質の高い食料を安定して供給する優れた体勢にあるが、大きな弱点として、農業の担い手は減少し、高齢化などその内実か弱体化しつつあり、ここに日本農業の大きな危機があるとする。そしてその弱点を補い得るものとしてスマホなどを活用した「スマート農業」の展開があると位置づけている。

　「スマート農業」の進展に一応の期待をかけるのが流行になっているが、しかし、それによって、日本農業の担い手問題、高齢化問題などが解消するなどとは、農業の現場では誰も考えていないだろう。

　担い手や農業労働力が立ち至っている深刻な現状は、やむを得ざる自然現象的なことではなく、政策の失敗、あるいは政策の必然としなければならない所も多々あった。

　とくに最近の「強い農業」だけを奨励する農政には、認定農業者以外は農政の対象としないといったニュアンスが強く、農政自らが、担い手を少数に絞り込んでしまうような策をいろいろに講じてきた。その結果、中小農家や高齢農家においては、農の将来への見通しがつかず、農への意欲も削がれてしまってきた。そうした社会状況の下で、それらの人々の農業離脱のスピードは加速してしまってきている。

　認定農業者らが大切な担い手であるという認識には異論はないが、それ以外の中小農家もまた、日本の食と農の現実において、大切な不可欠な担い手である。そこにはそれぞれの農への思いがあり、現実に果たしている役割もあり、さまざまな希望もある。

　各地の農家直売店の人気は続いており、地域の食はそれによって大いに支えられている。そこへの出荷者の中心には、中小農家、高齢者農家がいる。しかし、こうした現状について国の農政対応はきわめて冷ややかだった。

　新規参入の農家はまだ数は少ないが、傾向として顕著に増えつつある。参入部門としては有機農業が大人気で、年齢層もかなり若い。

　担い手、労働力問題への農政対応としては、認定農業者らへの支援だけでなく、中小農家や高齢者農家らの農業への意欲を励まし、その離脱を食い止め、農外からの新規参入を本格的に広げていく取り組みこそが求められている。農の喜び、農が本来有してきた価値観をこそ大いに吹聴すべきなのだ。「スマート農業」などの新しい技術開発は、そうした幅広い取り組みの過程において、さまざまに活かされることを期待したい。

## （3）これまでの農業・農政への自己点検・自己反省を読み取れない

　「みどりの食料戦略」には、国、農水省としてはこれまでの農業や農政への
プラスの自己評価ばかりが記されており、そこには大きな問題点もあったとい
う自己反省の認識はまったくないようだ。最近の「強い農業」「攻めの農政」
についても見直しの意思は読み取れない。

　こうした認識からは内在性のある農業環境政策などは発想されてこないだろ
う。

　今日の地球環境問題の起点は、産業革命にあったことは、ほぼすべての識者
が指摘することである。近代農業は、それまで自然と共にあった農業を、産業
革命の枠組みのなかに組み込み、農業もまた他産業と共に、明らかな原因者と
なって、地球環境問題を作り出してきてしまっているという認識は、すでに誰
もが肯定する常識となっている。しかし、この文書にはそうした認識が基本的
に欠落している。

　近代農業による環境負荷の最も見えやすいこととして化学肥料や化学農薬の
普遍的使用があるが、そうした常識すらこの文書からは読み取りにくい。

　この文書では、有機農業の拡大については思いきった目標を提示しているが、
それとならぶ化学肥料や化学農薬の削減については、驚くほど及び腰である。
化学肥料の使用削減は、2050年目標で30％減、農薬は50％減が目標とされてい
る。化学肥料については「輸入原料や化石燃料を原料」としたものに限定して
の削減だとされている。

　化学肥料や化学農薬の削減は、すでに30年も前から国も強く関与して特別表
示のガイドラインが機能している。それを1つの基準として「エコファーマー」
の奨励は、少し前までの農政の1つの柱となってきた。そこでは化学肥料も50
％減という指標が示されていて、それは、30年後の遠い先の目標としてではな
く、いまこの時に直ちに取り組むことを奨励するという趣旨であった。

　農薬については、EUなどではすでに使用禁止とされ、国内でも大問題とな
っているネオニコチノイド系農薬については2040年までに代替農薬を開発する
とされている。ということはそれまでは登録認可を続けるということになって

しまう。

　EU諸国、たとえばフランスなどの最近の農政動向をみると、食の安全と環境重視の方向で極めてラディカルな改革が進んでいるようである。そのキィワードはアグロエコロジーである。化学肥料や化学農薬の大幅な削減だけでなく、生物多様性の保全なども含めて、アグロエコロジーの視点から、施策の総点検が進められ、研究開発のあり方も大きく見直され、有機農業などの大推進がはかられつつあるようだ。

　「みどりの食料戦略」にはそうした諸外国の動向に呼応しようとする意図はあるのだろうが、厳しい自己反省の姿勢が欠けていると言わざるを得ない。

## 3．外挿としての有機農業拡大

　この文書の概要紹介とそれへの批判はこのくらいにして、本稿の主題である有機農業の扱いについての検討に進もう。

## （1）「次世代有機農業技術を確立」すれば有機農業は飛躍的に広がる？

　農政の当事者性が強い化学肥料や化学農薬の削減については、上述のように驚くほど及び腰なのに対して、農政の立ち入った介入はなかなか難しい有機農業拡大については思いきった目標が示されている。なんともちぐはぐだとの印象を受ける。

　そこにあるかもしれない裏事情は分からない。類推すれば、生産性向上と持続性確保の両立という難課題の解決を支えるために、みどりの農政としてインパクト性があり、かつ、実のところ農政としてあまり痛みを伴わずに外挿できる要素として有機農業推進がはめ込まれたということなのかもしれない。

　しかし、農政の当事者性という点では、有機農業推進法やそれに基づく数次の基本方針の下で民と官が進めてきた15年にわたる経過はあった。振り返るとそれは苦渋が続く過程であった。ところがこの文書ではそのことがまったく考慮されていない。

　この文書では、「農業者の多くが取り組むことができるよう、次世代有機農

業に関する技術を確立する」、そうすれば有機農業は飛躍的に拡大できるのだとされている。「次世代有機農業に関する技術」という言葉は意味不明であるが、要するに技術が確立すれば有機農業は拡大するという認識なのだろう。

そこでは有機農業は単なる技法として認識されている。有機農業は技法が未確立だから広がらないのだという、なんともトンチンカンな認識である。

有機農業の拡大には大きな希望と意義があるが、同時にその推進には大きな困難も山積している。民間の取り組みをいっそう励ましつつ、官も学も最大限に協力し、その困難を乗り越えていこうという協働への姿勢はそこからは読み取れない。

有機農業の技術的な開発研究については、推進法制定までは国や都道府県の試験研究機関ではほとんど取り組まれてこなかった。推進法制定とそれに基づく基本方針の中に試験研究の取り組みの重要性が明記され、予算規模は大きくはないが、研究プロジェクトが発足した。初めの頃は手探りの連続だったが、次第に手応えのある成果も少しずつ生まれはじめてきた。ところが、その研究プロジェクトは9年間で打ち切られてしまった。

## （2）有機農業拡大の難しさ―この戦略にはそれへの認識が読み取れない―

最初にも書いたように、推進法制定の頃にも、有機農業を50％まで広げる、100ha を数値目標に掲げるなどの、さまざまな有力な意見もあった。それは遠い将来のこととしてではなく、近未来の目標としてそれらの数値が提案され、併せて直接支払いの強力な推進など、そのための政策論も様々に論じられた。そこでの目途はおおよそ10年程度のことだったと了解されていた。

以来、15年が経過したが、残念なことに現実にはまだはかばかしい成果を生むには至っていない。

100万 ha、25％などの有機農業の飛躍的な拡大のためには、難しさのあったこの15年の経過をしっかりと検証し、政策体系を再確立することは農政側の不可欠な課題だろう。

そこでの経過のなかからは、力のある有機農業推進政策の体系的確立が必要

なこと、有機農業は単なる技法ではなくその中軸には自然と共にあろうとする農業のあり方論があるということ、慣行栽培に取り組んで来た農家の有機農業への転換には困難を伴うことが多いこと、地方自治体、農業団体、地域社会等の有機農業への理解がなかなか得にくいこと、などの課題が見えてくる。

　消費者は引き続き有機農業の広がりを望んでいる。その流れはコロナ禍の下でより強まっている。そうしたなかで有機農業を営む側のいっそうの取り組みも進み始めている。しかし、周囲の社会の理解についてはなかなか進んでいない。有機農業の大幅拡大のためには、社会が変わっていくこと、とくに農家・農村・行政等の周辺の社会が変わっていくことが鍵となっている。「みどりの食料戦略」は有機農業拡大を標榜するだけで、そうした困難打開への一歩一歩の取り組み姿勢は示されていない。

## ４．自然と共に歩む農業をめざす有機農業
### （１）有機農業の特質は環境負荷削減だけではない

　有機農業推進法が制定される少し前、2006年５月に、その時に農水大臣をされていた中川昭一氏（1953～2009）を有機農業の仲間たちと訪問し、大臣室で懇談したことがあった。テーマは「国は有機農業とどう向きあうか」だった。当初は短時間という約束だったが、話が盛り上がって１時間を越えてしまった。

　大臣は途中でその席に、省の農業生産政策の責任者を呼んで、国の有機農業政策についての説明を求めた。

　その責任者の方は「国はこれまで環境保全型農業の推進を図ってきたが、そのなかで有機農業は究極の環境保全型農業であると位置づけてきた」と述べられ、中川大臣もその説明に同意された。このやり取りを聞いて、私たちは「どうやら国は有機農業推進に意を決したらしい」と感じて大きく安堵したのを覚えている。

　その時、その場でのこうした説明は素晴らしいものだったのだが、しかし、有機農業の理解としてはやはり不十分なものだった。

　環境保全型農業とは、化学肥料や化学農薬などの環境負荷要素を削減していく農業のことである。有機農業は、それらを使わない農業だから、それを究極

のあり方だと位置づけることは間違いではないが、有機農業は単にそれだけの営みではない。

　有機農業は環境負荷削減だけではなく、同時に新しい農的な環境を豊かに育てていく農業なのである。その頃私は有機農業のそうした側面を強く意識して環境創造型農業という概念を提起していた。有機農業においては負荷削減と環境創造は一体のこととして取り組まれてきた。その一体化の基盤には自然と共にある農業への志向性が位置づけられてきた。私たちはここに有機農業の技術論の核心があると考えてきた。

　今回の「みどりの食料戦略」での有機農業理解には、こうした点への認識が欠落している。国の有機農業理解は2006年頃の段階から少しも深まっていないと感じてしまう。そこには農業のあり方を自然と人間の関係性を基軸に捉えていくという視点がないのだ。

　この視点は、持続可能な社会の形成、あるいはそこへの回帰という現代的大課題へのアプローチにおいて決定的な意味を持っている。持続可能な社会のためには、環境負荷の大幅な削減は不可欠だが、単にそれだけではなく、負荷削減によって新しい豊かさが生み出されていくというあり方が大切であり、その後者について農業は、他産業とは違って極めて優れた特質を持っている。

　こうしたことについて私は先に『「自然と共にある農業」への道を探る─有機農業・自然農法・小農制─』という本を上梓した（2021年1月、筑波書房）。詳しくはその本を読んでいただきたいが、このことについてこの小文でも少し述べておきたい。

## （2）有機農業と自然と共にある農法形成

　有機農業の特質を技術論的に整理すると、化学肥料や化学農薬への依存からの脱却と自然の力に依存した農法形成の2つの柱があることが確認できる。そしてこの2つの柱は、併存的なものではなく、化学物質多投入の人為優先型の技術からの脱却を前提として、低投入を前提とした自然依存型の技術が次第に形成されてくるというのが普通のプロセスのようなのだ。その様子は図1-1、図1-2のように整理される。

図1-1　農業における投入・産出の一般モデル（収穫逓減の法則）と有機農業の技術的可能性

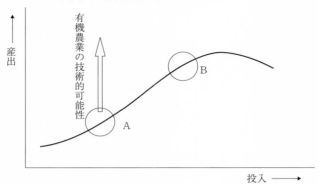

資料：中島作成。2007

図1-2　農業における内部循環的生態系形成と外部からの資材投入の相互関係モデル

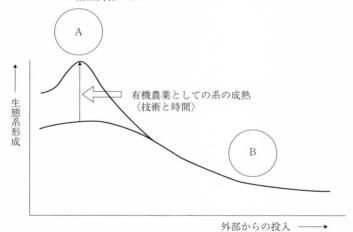

資料：中島作成。2007

　こうしたプロセスを経て次第に成熟していく有機農業の場では、土壌の生物活性が高まり、多様性は拡大し、それに対応して作物や家畜の命の力が穏やかに発揮されるようになる。産物の品質も素直な形で向上していく。また、そのプロセスで、周辺の里地里山の利用も再開され、その自然も次第に改善され、農地と里地里山との間には、落葉や刈草の利用などを軸とした多面的な関係性

が次第に作られていく。そのような自然依存の生産力形成の前提には、化学物質資材の投入中止があるのだ。化学肥料の投入は、土壌を富栄養化させてしまい、そこでの生物性を単純化させ、多様性を著しく貧弱にしてしまう。そうした土壌で育つ作物は、成長は早いが軟弱で品質は劣る場合が多い。その結果、病虫害も多発する。

### （3）有機農業技術に「確立」や「完成」はなじまない

　有機農業技術にはこのような特質があるから、有機農業はそれぞれの田畑の自然的風土的条件とさまざまな関係性を結びつつ、次第に確かなものとなっていく。有機農業技術は、それぞれの土地で、作物の生きる力を大切にし、自然との関係をさまざまに結びつつ「だんだんと良くなっていく」のである。そのあり方は農家、農人それぞれによって、個性的な様相を持っている。そこには動きがあり、「成熟」という概念ならぴたりとくるが、「技術の確立」とか「技術の完成」という概念とは基本的にはなじまない。

　「みどりの食料戦略」の附属資料には、国が有力なものとして選んだ技術がいくつか列記されている。その一覧をみて有機農業技術について国が集めた情報はこの程度かとあきれてしまう。いくらなんでもここに付された技術一覧はお粗末である。ここに挙げられた諸部分技術が「確立」「完成」すれば、25％、100万 ha へと有機農業の拡大が図れると国が本当に考えているとすれば、「気は確かか」と問いたくなる。

## 5．誰に向けての語りかけか

　さらに書いておきたいことはいろいろあるが、与えられた紙数を越えてしまうので、最後に、この戦略文書は誰に向かって書かれたものなのか、についての感想を記して結びとしたい。

　農業は民間の農家たちの営みである。国が農業をやっている訳ではない。有機農業においてはなおのことその色合いが強い。しかし、この文書からは、日々、土と作物と向きあい、汗を流している農家たちへの語りかけという姿勢は感じられない。そうした農家たちは家族を抱え、その暮らしを豊かに営むことを願

っている。この戦略文書からはそうした農家に敬意を表し、その苦労をねぎらい、明るい明日を共に拓いていこうという語りかけの心は感じられない。

　地球環境問題は国民全体が直面してしまっている深刻な課題である。明るい未来は、健康な食と、豊かな自然を前提として拓かれる。その中軸の1つとして農業があり、農家たちの日々の営みがある。多くの国民が、そうした農業の意味を理解し、それを支援していくような体勢をどのように作っていくのか。そして多くの国民が様々な形で農の営みに参加していくにはどうしたら良いのか。そんな語りかけ、問いかけがいま切に求められている。

　「みどりの食料戦略」は、そのまま読めば、そうした語りかけの文書とは受け取れない。都道府県、市町村、農業団体への語りかけの印象すら得られない。これは官邸向けの文書かなといったところが率直な感想である。まずは官邸向けでもいいが、農水省自身によってみどりの政策は提起されたのだ。後戻りせず、活発な議論が進み、この戦略文書を多くの農家たちと国民への語りかけ文書に書き換えられることを期待したい。

**参照文献**

中島紀一『「自然と共にある農業」への道を探る――有機農業・自然農法・小農制』、
　　2021年、筑波書房
中島紀一『有機農業の技術とは何か――土に学び、実践者とともに』、2013年、農文協
中島紀一『有機農業政策と農の再生――新たな農本の地平へ』、2011年、コモンズ

〔2021年8月17日　記〕

# 第2章　環境保全農業先発地から「みどり戦略」を考える
## ―JA みやぎ登米の実践―

佐々木　衛

## 1. はじめに

　本稿は令和3年5月に公表された「みどりの食料システム戦略」について、1990年代半ばから「環境保全米運動」に取り組んできたJAみやぎ登米の実践を紹介した上で、若干の問題提起を行うものである。

　以下では、2. でJAみやぎ登米の概況を紹介した上で、3. 環境保全米運動の始まり、4. 地域農業振興計画と「環境保全米」全面転換運動、5. 環境保全米づくり運動の実践、6. 環境保全米運動の成果、によって環境保全米運動の総括を行うとともに、7では環境保全米づくりの視点から有機農業のあり方を再考する中で、「みどり戦略」について問題提起を行うことにした。

## 2. JA みやぎ登米の概況

　本組合は宮城県の北部にあり北は岩手県に接し、母なる「北上川」と迫川の2つの一級河川の流域に位置している。江戸時代、伊達藩の時代に新田開発が進み、元禄時代までの間に広大な登米の農地の原型が出来上がった。そして、生産された米は仙台から江戸へ運ばれ「本石米」として江戸の人々の食生活を支えてきた。登米は伊達藩の主要な米どころとして発展し、江戸に米が登ることから「登米」という地名が残ったとも言われている。

　このように、当JA管内は古来より農業、特に米づくりが盛んな地域であり、戦後は食糧管理法のもと「ササニシキ」を主力として新潟魚沼地域とともに良質米の日本一を競った時代もあった。

　管内の農業は米を基軸として発展し、畜産、園芸と続く。特に、近年は肉牛

表2－1　令和2年度事業実績（抜粋）

| 項　　目 | 実　　績 | 備　　考 |
|---|---|---|
| 出　資　金 | 63億円 | |
| 組　合　員　数 | 15,416人 | 内、生組合員12,681人 |
| 役　員　数 | 33人 | 内、常勤6名（常勤監事1名含む） |
| 職　員　数 | 584人 | 内、一般職員387名、常勤嘱託197名 |
| 自己資本比率 | 13.66% | |
| 総　資　産 | 1,596億円 | |
| 貯　　金 | 1,428億円 | |
| 貸　出　金 | 329億円 | |
| 長期共済保有高 | 5,280億円 | |
| 販　売　品　販　売　高 | 169億円 | 内、米穀80億、畜産71億、園芸18億 |
| 購買品取扱高 | 85億円 | |

生産が盛んとなり、仙台牛の産地としても知られるようになった。仙台牛は A5を基本としているが、その生産は出荷頭数の約7割を占める。園芸は、キュウリを基軸にし、キャベツ等の露地栽培があり、最近はカルビーとの加工馬鈴薯の契約生産に取り組み始めたところである。

　JAみやぎ登米の令和2年度の実績は、表2－1のとおり。

## 3．環境保全米運動の始まり
### 1）環境保全米運動の始まり

　仙台市にある河北新報社が「E（環境）・P（人間）・F（食糧）情報ネットワーク」を企画し、地域と地球環境・食糧問題に取り組む中で、1995年11月から施行される新食糧法によって米産地の環境や農地への影響が懸念されることを背景として、低農薬・無農薬・有機栽培による「環境保全米」運動を提起し、1996年「環境保全米実験ネットワーク」（当時代表 宮城教育大学教授本田強氏）を発足させた。

　これが元々の環境保全米運動のスタートとなり、この実験ネットワークは、2000年にNPO法人「環境保全米ネットワーク」（現理事長宮城教育大学名誉教授小金澤孝明氏）に発展した。

## 2）登米地域における環境保全米運動

　登米地域における環境保全米づくり運動の起点は、JA みやぎ登米の誕生以前に旧 JA なかだが設立した「なかだ環境保全米協議会」に始まる。この協議会の当時の構成は、「生産者・中田町・上沼高校・みやぎ生協・JA なかだ」であった。

　上沼高校は旧農業高校であり、農業科を持っていたことから、学校教育での環境保全と地域への波及効果を期待し、勧誘した。みやぎ生協は安全安心への取り組み意識が高く、地域的取り組みの支援を依頼した。行政については当然のことではあるが、農業振興の一環として新たな取り組みに対する支援と JA との一体化による米の生産振興への取り組みを要請した。そして、生産者としては、これまで有機栽培を実践してきた農家と新たな環境保全米づくり運動に興味を示した生産者を選抜した。その時の生産者との約束が、「加算金は結果だ。海のものとも山のものとも分からないものに加算金は無い。信頼される産地、求められる米の生産をみんなで考えましょう」というものであった。こうしてスタートしたのが平成8（1996）年である。それと同時に、旧 JA なかだは、当時実施していた有人ヘリによる、いもち病等の農薬の空中散布を中止した。これは、当時の阿部長壽組合長の鶴の一声であった。過去に、いもち病等によって大きな被害を被ってきた地域でもあり、筆者も職員の立場からは反発したものの、「それを考えるのが職員だ。代替案を考えろ」という強い指示によって、これまでの JA の流れが一変したことを今でも思い出す。

　旧 JA なかだが開始した翌年に JA 南方が取り組みを始め、登米管内ではこの2つの旧 JA が「JA みやぎ登米」誕生以前から取り組んでいた。

　しかしながら、その取り組みはそれぞれ特徴あるものであった。

① JA なかだ管内は、環境保全米Bタイプ（減農薬減化学肥料栽培）を中心に生産し、農薬の使用量を2分の1にする栽培実験を中心に取り組んだ。

② JA 南方は、南方町水稲部会として活動し、農薬不散布米（現在の JAS 有機栽培）と省農薬米（減農薬減化学肥料栽培〜本田では化学肥料不使用）の生産に取り組んだ。

　なかだ環境保全米協議会は、お酒の一ノ蔵やみやぎ生協という地元での提携

図2-1 新たな米づくりの考え方（※当時考えたフロー）

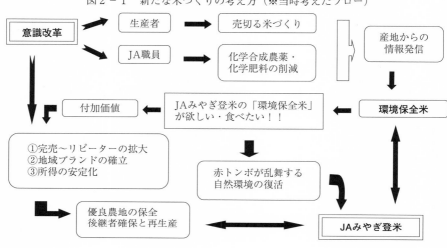

活動、JA南方水稲部会は京都生協との提携と、いずれも生協組織との提携活動を主体に取り組んだ。

「赤とんぼが乱舞する地域環境の復活を目指す」として、販売用米袋に環境保全米のマークと「環境保全米」のロゴを入れて初めて販売してくれたのが「みやぎ生協」の店舗である。そして、その米を生産したのが「なかだ環境保全米協議会」のメンバーであり、これが「環境保全米」として世に送り出された最初の米となった（図2-1）。

## ４．地域農業振興計画と「環境保全米」全面転換運動
### １）地域農業振興の基本方向の策定

　JAが合併し、JAみやぎ登米となって数年が経過した頃、米価下落と減反拡大により生産意欲が低下し、地域農業全体に活気が不足している状況が問題となっていた。この状況を打破し「元気な登米農業」を復活させ、農協運動を取り戻すにはどうするか。そのため、地域の課題を整理するとともに地域農業の実態を見つめ、農協の存在意義を改めて問い直すことから始めた。そして、問題点を以下の３点に要約した。

① 生産調整（減反）拡大と米価の低迷で組合員は展望を失くしている。

② 冷害に弱い米づくり。毎年7月に「やませ」（北東風）が吹き、冷害をどう克服するかが長年の課題である。

③ 広域合併農協の存在価値が問われ、組合員の結集力が低下しているのではないか。

こうした実態を踏まえ、元気な登米農業を再発進させるために JA 独自に、「登米地域農業振興の基本方向」（2002年10月）を策定し、3つのキーワードを設定した。それは、「①環境保全農業の推進　②地産地消　③生消の共生」の3項目である。これらを、何をもって具体的に実践していくかが次の課題となった。その中で、組合員の多くが関係し、関心を持つものでなくてはならない。どうするか。やはり、登米農業の根幹は稲作だ。米づくりを変えるしかないだろうということになり、3つのキーワードの下に米づくりに取り組む事にした。そして、その手段として「環境保全米づくり運動」の面的展開に取り組む事になったのである。それは組合員だけでなく、JA 職員の米づくりへの意識改革のスタートでもあった。

## 2）家族経営農業を基本に

環境保全米づくり運動を面的に進めるため、地域農業の目指すべき方向の力点をどこに置くかということになり、やはり基本は、家族経営におくべきだということになった。それは、家族経営にこそ地域農業の核となるものが存在し、それが農業の基本であると考えたからである。世界の農業の基本は家族経営であるという捉え方でもあった。そして、農協運動の再構築を環境保全米づくり運動と一緒に図っていくことを基本スタンスにした。

家族での取り組みは、兼業であれ、家族農業経営の後継者、少なくとも「農家」という家の後継者育成につながってほしいという「希望」も込めたものである。

## 3）「環境保全米」への全面転換運動

全面転換運動へ取り組む前段で、いち早く「環境保全米」づくり運動に取り

組んでいた「なかだ町域と南方町域」の代表者の方々と組合長が直接協議し、新しく取り組む生産者への技術指導や相談役になることを要請したところからスタートした。

　そして、8か所の営農経済センターにおいて組合員への説明会を開催。それと同時に、JAの営農担当者への説明会に取り組んだ。その中で強調したのは、「売れる米づくりに取り組み、消費者に求められる産地にならなければならない。もう、食糧管理法はない。産地も変わらなければならない」ということであった。

　さらに、①農業＝自然産業とは限らない。米づくりも化学合成農薬や化学肥料偏重は、生態系への影響が懸念される現況でもある。湖沼の富栄養化も問題になる可能性がある。農業＝自然とみてくれている消費者が多いうちに米づくりの基本を考え直す必要がある。②農薬や化学肥料の考え方を変える。化学肥料を否定するものではない。プログラム的に使用する化学合成農薬や化学肥料の使用でいいのか？　それらに頼りすぎない米づくりを目指しましょう。人も風邪をひけば風邪薬を飲むが、風邪をひいていないのに風邪薬は飲まない。その前に、健康な体を作るために好き嫌いせずにバランスよく栄養を取る。稲は言葉を話せない。だから、いつでも食べることができるように栄養を与えて置き、丈夫な稲にする必要がある。そのためには、土づくりが重要である。植物の根系をしっかり伸ばせる土をつくる。そして、生育調整のために化学肥料を使用する。人の調味料と同じとした。使いすぎればまずくなる。程よく使えばおいしく食することができる。農薬や化学肥料はそのように考えようと諭した。そして、③加算金はあとから付いてくるということである。消費から求められ、信頼される産地になれば必ず加算金はとれる。在庫を残さないで完売できる産地になれば、それも加算金ではないか。ということを伝えながら呼びかけた。そして、2003年産（平成15年）から一斉に面への展開運動をスタートしたが、すぐに取り組むという農家は少なく、初年度は全体の10分の1程度の取り組みであった。

　しかしながら、これまで取り組んでいた町域だけでなく、各町域にある稲作部会のメンバーが主体的に取り組むことによって、少なくとも、JA管内8町

域全ての営農センターにおいて「環境保全米づくり運動」が始まった。

## 4）環境保全米の栽培タイプによるメニュー方式

　環境保全米づくり運動は、みんなに関心を持ってもらうのはもちろんのこと、みんなで取り組める米づくりでなくてはならない。目指すのは地域総参加型の米づくり運動でもある。そのため、できるだけ組合員が取り組みやすいような栽培方式が必要なことから、環境保全米ネットワークと協議し、組織認証型の米づくりとして、新たに環境保全米Cタイプを設定してもらうことになった。それまでは、個人認証型のAタイプとBタイプの2つしかなかったが、JAが責任を持って管理、指導に取り組むことを前提として、組織認証型Cタイプの設定となった（表2-2）。

　そして、そのタイプ設定にあたっては、生産だけでなく、販売面まで農水省のガイドラインを使用することとしたため、地域全体を包括することが肝要となり、特に、地域により雑草の種類に違いがあるため、除草剤の選択が大きな課題となった。これまでのようには自由に使用できないため、少しでも効果の安定している除草剤を探しながら、田んぼを荒らさないように、使用方法と水管理の徹底に努めてきた。特別な米づくりとして取り組むのではなく、自然に誰もが取り組める空気を地域に醸成すること。そして、その姿を地域でともに理解できれば、必ず消費者の皆さんにも届くものと信じての取り組みである。

表2-2　栽培タイプの内容

| 種　別 | 農　薬 | 化学肥料 | 備　　考 |
|---|---|---|---|
| Aタイプ | 無使用 | 無使用 | JAS有機栽培・無農薬無化学 |
| Bタイプ | 5成分以下 | 育苗のみ使用 | 本田肥料は有機肥料のみ |
| Cタイプ | 慣行の5割減 | 慣行の5割減 | 生育期間中の畦畔除草剤使用禁止 |

注：1）Aタイプは、JAS有機栽培（転換期間中含む）、農水省ガイドラインによる無農薬無化学肥料栽培まで。
　　2）Bタイプは、農水省ガイドラインの減農薬減化学肥料栽培の中に、さらに、独自に制限を加えたもの。
　　3）Cタイプは、農水省ガイドラインの減農薬減化学肥料栽培をそのまま採用している。地域慣行は、宮城県の公表値を慣行としている。

## 5．環境保全米づくり運動の実践
## 1）関係組織等との連携

　環境保全米づくり運動を進めるにあたって、関係機関との連携は欠かせないという観点から、JA サイドから呼びかけて協議を重ね様々な協力を頂いた。

　次に各関係組織との主な取り組み事項を一部紹介する。

### ① 環境保全米ネットワーク

　環境保全米ネットワークとは二人三脚と言っていいほど、一緒に進んできたともいえる。当 JA が環境保全米づくりに取り組むにあたり、環境保全米マネジメントシステム（MS）を作成し手順を定めた。様々な調査にあたり常に指導を受けながら歩み、特に、温湯殺菌全面切り替えの際には、当時の本田代表から全面的な技術支援を頂いた。現在は、MS を基本にして環境保全米 C タイプの認証を受けている。

### ② 農業共済組合

　当組合は、環境保全米づくり運動の中、種子消毒の廃液を廃止する運動を平成15年に開始した。その運動に理解をいただき、平成16年 2 月に全組合員の種子を対象に JA が温湯殺菌を実施するのであれば、37台の温湯殺菌器の寄贈を受けた。そして、平成16年産用の種子から、37台＋前年 JA 購入 8 台＝45台を各営農経済センターに配置し、無償での全面温湯殺菌に取り組んだ。

### ③ 登米市

　登米市については、旧町時代からの取り組みの支援に加え、有機等の準備のための支援事業や、学校給食への JAS 有機米の使用支援を含め、農業支援の中で JA と一体となり取り組みを支援していただいてきた。

### ④ 農業改良普及センター

　環境保全米づくりに対する JA の取り組みに対し積極的な支援を頂き、管内の土壌マップの作製や農薬関係の指導を受けた。栽培ごよみの作成等を含め、毎年の見直し等は現在も継続している。

### ⑤ JA 全農宮城及び関係卸

　生産資材の選定、集荷販売において全面的な支援と協力を得た。全国各地での販促やイベント場所の確保、特別栽培米等の専用米袋の作成、様々な情報の

提供等JAみやぎ登米（登米市）を前面に出し、農水省ガイドライン表示を利用した販売に大きな支援をいただいてきた。

　以上のように、関係機関の協力と支援をいただきながら、JAみやぎ登米の「環境保全米づくり運動」は進められてきた。

　そして、関係機関との連携を深めるため、本JAは関係機関ごととの協議を重ね、その会議には、必ず組合長が出席して状況報告をしながら真摯な意見交換を行う中で、地域の基幹となる稲作について議論し取り組んできた。

## 2）生き物調査等の実施

　平成18年から田んぼの生き物調査を開始した。これは、生態系の改善等を「田んぼ」に住む生き物から見てみようという取り組みである。当初は、担当者と稲作部会の役員だけという小規模でスタートしたが、農薬メーカーや肥料メーカーも参加して少しずつ拡大してきた。

　当JAの生き物調査の特徴といっていいと思うのは、スタートは農薬メーカーからの提案があり、それを継続してきた点である。正直、この提案には当方も驚いたものである。農薬メーカーが生き物調査を提案する？　本当に？　というような面がなかったわけではない。しかしながら、このメーカーの取り組みには驚いた。当JAの環境保全米づくり運動を理解し、地域運動を一緒に支えるという申し出であり、これまでの農薬等の事を考えると想像もしていなかったものである。考えようによっては、農薬が売れなくなるリスクもあるのだから。

　こうして始まった生き物調査であるが、生産者・担当者はもちろんであるが、農薬・肥料メーカー、米卸等取引先、系統関係者に各参加者の家族を交え、和やかな田んぼでの一大行事となった。最近では、地元の子供たちも参加し100名を超える方々が裸足や長靴で田んぼに入り、様々な生き物たちと過ごしている。

　昨年からは、コロナ禍のため、担当者と稲作部会の役員という限られた人数での事業としているが、早期に以前の活動に戻れることを願うばかりである。

　この生き物調査は、2015（平成27）年第4回いきものにぎわい活動コンテス

トにおいて、農林水産大臣賞を受賞した。

## 3）環境保全米の生産状況

　平成15年から環境保全米づくりの全面転換運動に取り組み、約20年になるが、ここまで安定的に生産が継続していることに関しては、組合員の皆さんへの「感謝」につきる。スタートした時点では、ここまで生産が増加し安定するとは想定できず、何とか早く5割にしたいという思いと、いつかまた元に戻るのではないかという不安が常につきまとっていたのも事実である（図2‐2）。

　それがここまで継続してきた理由としては、特に、次の4点が考えられる。

① 平成15年産米のいもち病による「作況69」の時に、環境保全米づくりに取り組んだ圃場の被害が大変軽微に済み、「環境保全米が冷害に強い」というイメージが広がったこと。

② コメ政策改革による産地間競争の激化を感じた生産者の間に売れる米・求められる産地への意識が強まったこと。

③ 種子消毒が温湯殺菌に変わり、それが普通だと生産者が理解するようになったこと。

④ 営農担当者の米穀への状況認識が深まり、組合員との対話に一枚岩になったこと。

図2‐2　集荷数量に占める環境保全米の割合

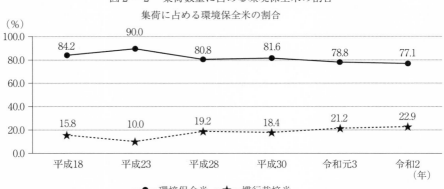

集荷に占める環境保全米の割合

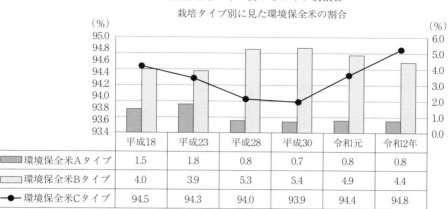

図2-3　環境保全米の中に占めるタイプ別割合

栽培タイプ別に見た環境保全米の割合

| | 平成18 | 平成23 | 平成28 | 平成30 | 令和元 | 令和2年 |
|---|---|---|---|---|---|---|
| 環境保全米Aタイプ | 1.5 | 1.8 | 0.8 | 0.7 | 0.8 | 0.8 |
| 環境保全米Bタイプ | 4.0 | 3.9 | 5.3 | 5.4 | 4.9 | 4.4 |
| 環境保全米Cタイプ | 94.5 | 94.3 | 94.0 | 93.9 | 94.4 | 94.8 |

　そして、米穀情勢をそのまま組合員に周知しながら取り組んでいるうちに、自然と意識改革が進んだということではないかと思う。そこには、「米づくりがただ好きなだけではなく、これまでの米への感謝と米を何とか守りたいという組合員の意識」がそこにあったからだと考えるところである。

　環境保全米Cタイプは、こうして当たり前の米づくりに進展し、JAみやぎ登米のスタンダードに成長した。しかし、課題がないわけではない（図2-3）。大規模化が進むにつれて、1人で管理する面積が拡大傾向にあり、慣行栽培に比較すると多少なりでも「手間」がかかることから、若干ではあるが減少傾向にある。今後は、現状の生産を維持していく方策を早急に検討し取り組む必要がある。

## 6．環境保全米運動の成果
### 1）来訪者の増加と取引の拡大

　米卸の「神明」に平成16年産米から取り扱いを開始していただき、神明NB袋の登米専用袋での全国展開に取り組んでもらった頃から、環境保全米づくり運動とは何？　という問い合わせや「環境保全米」についての取り組みを聞かせてほしいという声がJAに直接届くようになった。それは、取引先だけではなく、JA関係者、行政、団体等様々であり、それにあわせて我々職員も様々

な情報取得と環境保全米の体制確立に必死になって取り組んだ。それは、せっかく JA と一体となって取り組んでいる「組合員」に恥をかかせることはできないという職員としての責任感からでもある。

　生産者からは、栽培計画書・協定書・生産履歴（前期・後期）・JA みやぎ登米版 GAP（前期・後期）を提出してもらい（通算年 6 回の提出物）、圃場には認証旗を設置するが、当時、このことを説明すると、本当に全員提出しているのか？という質問が出されたが、環境保全米については100％提出ですと、自信を持って答えたものである。それは、環境保全米ネットワークと一緒に作成した「環境保全米マネジメントシステム」での約束であり、生産者が理解を示してくれた結果である。

　様々な訪問者を受け入れるようになり、その際言われた話を機会あるごとに組合員に伝えてきた。それは、過大でもなく過少でもなく、言われた事実をそのまま伝えるように努め、オブラートで包む言い方は極力やめた。そして、生産者も様々な方々が自分たちを見ている、あるいは見てくれているという意識を持ち、自信にもつながってきたものと考えている。

　取引先も次第に拡大し、生産量を超える規模の受注が入ることもあるようになった。当組合の環境保全米が評価される理由としては、①品質が安定していること、②生産の面的拡大によって 1 年を通じて供給できること、③安全・安心への取り組み意識が地域全体として高いこと、④ JA を中心として地域一体となって取り組んでいる指導力のある産地だと取引先が見てくれるようになってきたことが指摘できる。平成15年から平成20年にかけて、一気に駆け登ったという状況である。

## 2）稲作部会員と連携した生産販売活動

　販売活動については、常に稲作部会と連携を図り、JA と一体となった取り組みを基本にしてきた。卸・生協・量販店等を訪問し、自分たちの作った米の評価を直接聞いた。店頭に立っては消費者の生の声を直接聞き、帰ってからは「環境保全米」のさらなる評価向上に向けて議論し、部会員達だけでも売り先を見つけに走るということにも取り組んだ。当初は店に立ち消費者の前に出る

と、声の出なかった稲作部会員も次第に大きな声で呼びかけ、笑顔で応対できるようになって、特定の店では、名前を憶えてもらい、声をかけられる生産者も出てきた。生産者と消費者の顔の見える関係の大切さを感じた瞬間でもある。

### 3）日本農業賞大賞受賞

　環境保全米づくり運動の一番の成果は、農家の米づくりへの意識が変わり、減農薬・減化学肥料栽培は当たり前というような考え方になってきたことである。有人ヘリによる農薬の空中散布、農薬や化学肥料の使用は当たり前の地域だったところが、「環境保全米農法」が当たり前、農薬や化学肥料を減らしても米づくりはできるというように意識改革が進んだのである。生産調整強化と低米価等、米を取り巻く環境は変わらないが、少なくとも、だめだめという閉塞感から多少は解放され、米づくりに少なからず希望を見出した瞬間であったかもしれない。

　この環境保全米づくり運動への取り組みが全国的に評価され、2006年3月に集団組織の部で「JAみやぎ登米稲作部会連絡協議会」が第35回日本農業賞大賞を受賞した。この受賞は、これまでの取り組みが間違いではなかったという「証明」にもなった。そして、組合員とJAがこれまで以上に「環境保全米」づくりにしっかり取り組んでいかなければならないという引き締めにもなったと思うところである。

### 4）米づくりは地域づくり

　「環境保全米」づくり運動を通じてあらためて感じたことは、登米の組合員は「米づくりが大好き」ということである。加算金もなく、新たな米づくりを提唱した中で、組合員は環境保全米づくりを選択してくれた。前段でも触れたが、組合員には「感謝」しかない。米は魔物かとも感じた。当地域において、「米」は地域を動かす不思議な力を持っており、米の持つポテンシャルに驚いた。そして、米は日本文化の源泉であって農村地域社会を形成している基礎であることが確認できた（図2−4）。

　瑞穂の国と言われるゆえんがここにあるのではないかと思う。米はやはり日

図2－4　米の力と環境保全米運動

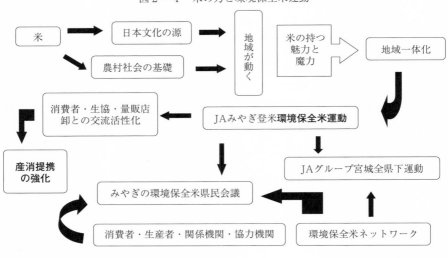

本の主食なのだ。

## 7．環境保全米づくりからみた「みどり戦略」
### 1）環境保全米づくりの農法

　環境保全米農法は、基本が「土づくり」である。これは、当地域特有とも言えると思うが、豊富な堆肥を田んぼに還元するもので、耕畜連携ならではの取り組みである。

　稲を丈夫に育てるため、稲が必要な養分を、常に、土の中に確保しておかなければならない。そのためには、土を基本とした稲づくりがきわめて自然なことである。

　そして、農薬や化学肥料は、風邪薬や栄養補給剤とでも整理できれば良い。始めからプログラム的な資材使用の流れが本当に良いのかをもう一度皆で考えてみようというアクションでもある。

　環境保全米づくりの農法は、本来、決まったものではないだろう。その農家の生産スタイルに合えば良い。安全なそして安心できる農産物生産。それが消費者の方々に認めてもらえればそこに1つの商流が生まれる。

　しかしながら、流通と表示を考えると中々そうばかりともいかない。いくら整理しても個別であると「乱立」ということになる。環境保全に向けた農法に絶対は無い。そこに必要なのは、生産者サイドの生産環境・消費者の方々の消費環境を改善するとした場合、どこまで修正が必要なのかという視点とその結果、生産サイドの地域環境は維持されるのか、改善されるのかということだと思う。生産者と消費者の信頼の上に生産は成り立ち、その結果として自然環境・生態系の維持を図る農法。

　それが環境保全米づくりの農法と考えるべきである。

　日本は温暖湿潤な病害虫の発生しやすい気候風土であることから、そのリスクは当然考えなければならない。当地域の場合、それらも含めて検討し、これならみんなでやれるのではないかと考えたのが、環境保全米Cタイプ（減農薬減化学肥料栽培～当地域5割減）である。農法論がよく言われるが、農法だけで解決できるものではなく、取り組む生産者、地域、そして消費者の理解が得られなければ、単なる自己満足にすぎない。

　生産者も消費者も世代交代が進み、生産～流通における当初の理解が消滅しつつあるのではないかと思うところである。単なる農法論議だけになったら、どこで生産されても基準を満たせばいいものになってしまい、そこに安心はあるのだろうか。

　原点回帰という事があるが、スタート時点に立ち戻り、現状に取り組みつつ、現代の環境にあった「環境保全米づくりとは何か」を考える時期にきているのかもしれない。

## 2）環境保全米づくりと有機農業

　有機農業という考え方には、食糧自給と合わせて総合的に整理する必要があると考えている。食糧は命の源である。その源を外国に依存して良いわけがない。だからといって、化学合成農薬や化学肥料を使い放題の国内生産で良いのか。生活者（生産者＋消費者）として、みんなで良く考えなければならない時である。誰でも良いことは実践したい。しかし、そこには生活があるのだ。

　消費需要が無いところに有機米を生産しても売れない。それも有機は基本が

手作業のようなものだ。カーボンニュートラルに進む時代の有機は何処に向かうのだろうか。化石燃料から電力になり、それが有機に使える機器になるのだろうか。いずれにしても、有機栽培は高コスト化を避けられない。経済性が成立しなければ、有機農業は成立しない。高くても、美味しければとか・品質が良ければという消費マインドは低い。安定して販売できるルート、安定的な顧客がどこにでもいるものではない。経済性が確立していれば、生産者は有機農産物の生産に取り組むであろう。

　しかしながら、そのような現状にはなく、何らかの形で埋める工夫が必要である。

　環境保全米づくりは、農法では無く、やはり地域としてどういう地域でありたいのか。そこに住む人々が考える農業でもあるのではないだろうか。昔はすべてが有機である。なぜ、有機農業が激減したのかその環境要因をよく考える必要がある。

## 3）みどりの食料システム戦略について

　国連は SDGs、日本ではみどりの食料システム戦略が打ち出された。将来的に、有機農業を25％にする目標のようだ。

　この25％を高いとみるか低いとみるかはそれぞれと思うが、これまで環境保全米に取り組んできた産地の感想からすると、無謀な数字に思えてならない。それは、どのような流通を考えての提起なのか、そして地域はどうなるのか等が伝わってこないためでもある。生産者に生産コスト負担、消費者には購入コスト負担の負担増部分を国がどのような形で埋め合わせてくれるのかが大きなカギではないかと思う。

　人手をスマート農業による技術開発で補い、有機農業を実践する。それが有機なのだろうか。

　みどり戦略は必要だと思うし、その方向性は正しいものだと考えているが、その具体的な姿が見えないので不安だという事である。国を挙げての今回の戦略は目指すべき理想には思える。現場（生産と流通）がそれについていくための手法はこれからになるものと思われるが、具体的に示してほしいものである。

　有機農業を25％に増やすと日本の農業はどう変わるのであろうか。現状は0.5％でも大変な状況である。そして、安全性を示すために1日摂取許容量「ADI」を使用するやに見たような感じがするが、現場ではどのような指標となるのであろうか。分析しなければ示せないような指標は、生産現場の指標として意味があるのか疑問に思うところである。

　化学的に安全だからというのであれば、もうすでに取り組んでいるものをさっさと分析しただけで良いのではないだろうか。

　そして、すでにJAS有機栽培や農薬・化学肥料の節減栽培に取り組んでいる地域も全国には多々あるものと思う。地域環境の維持保全に努めながら、すでに取り組んでいる産地への強力な支援と維持に向けたサポートを期待したい。地域の保全が、日本の国土の保全につながるということを忘れてはならないと考える。

　そして、有機の考え方であるが、農法の有機だけでなく、「有機的に結合した総合農業としての有機農業」という捉え方はできないものであろうか。節減栽培が主流で有機栽培が0であっても、その地域に住む人々が知恵を絞り、地域の合意のもとに、有機的に結合して地域農業を継続しているのであれば、それはまさしく「勇気農業」であり立派な「有機農業」を実践しているのではないかと考える。「食糧生産＋地域環境維持＝国土保全」は農業でしか成しえない。

　田舎から都会に遊びや買い物、テーマパーク等のレジャーに行く。それと逆に、都会から田舎の自然に触れ、緑の環境で一休みというように、田舎は都会のオアシス、都会は田舎のオアシスという関係性が生まれれば、本来のみどり戦略につながる本来の「有機農業」なのではないだろうか。

## 4）結びに

　米を取り巻く環境を見ると、生産者もさらに変わらなければならない厳しい現状にある。本JAの環境保全米の生産は減反拡大による生産面積減少の中で拡大してきた。JAの呼びかけに組合員が賛同し結集してくれた成果であり、組合員に感謝である。これからの時代は、飽食ではなく、本来の食糧生産について、生消両者が相互理解の中で、農業と食糧生産に本気で向き合うこと、そ

の環境を早急に整えることが一番重要である。生活者（生産者＋消費者）として、日本の農業がどうあるべきか、そのために地域農業をどのように展開するのか、取り組まなければならないのかを本気で考えなければならない。

　生産者も消費者も時代とともに変わる。要するに世代交代という波である。その中にあっても、国土保全を考えた食糧生産と地域環境の関係に変わりはない。そして、「みどり戦略」によって、これからの日本農業の方向性が示された。その方向に向かい、経済合理性だけでは解決できない食糧生産について、全ての国民が理解を深め、関係省庁の施策が一枚岩となって前進する必要がある。

　そのためには、みどり戦略の方針が固定されて変わることなく、今後、生消の強力な後方支援となり、その施策に長期的展望の具体化が図られることを期待したい。

　そして、日本がみどり豊かな「瑞穂の国」であり続けることを願う。

　「地域の自然環境を守るために　みんなの健康のために　子供たちの未来のために」

〔2021年 9 月16日　記〕

# 第3章　欧米の有機農業振興にみる経営支援と技術支援

石井圭一

## 1．はじめに

　日米EUにおいて、2050年カーボンニュートラルを目指した農業戦略がそれぞれ発表された。2019年12月、欧州委員会が公表した欧州グリーンディールは2050年までにカーボンニュートラルを達成することを宣言した「持続的で包括的な成長戦略」であり、各分野の取り組みを通じて投資と成長の手段とする戦略である。農業生産に大いに関わるのが、それを受けて2020年5月に公表された「2030年EU生物多様性戦略」および農業・食料分野の戦略となる「ファームトゥフォーク―公正で健康で環境にやさしい食料システムのために―」である。そこでは具体的な数値目標が示される。2030年までに農薬使用量とリスクを半減、抗菌剤使用を半減、有機農業面積を全農地面積の25％、窒素やリン等の養分損失を50％削減および肥料使用量の20％削減などである。2030年までに有機農業面積を25％まで引き上げる目標は非常に野心的ではあるが、EU加盟諸国の現況をみるに非現実的とまでは言えまい。

　アメリカ農務省は2020年2月、農業イノベーションアジェンダを公表し、2050年までに農業生産量を40％増、環境フットプリント50％減の同時達成、土壌栄養流出の30％減、そして2030年までに食品ロスと廃棄物の50％減、再生可能燃料の混入率を2050年に30％達成を具体的な目標値として掲げた。これらに必要なイノベーションの誘発を目指して建てられた3つの柱が、生産者のニーズに応じた官民の研究協力、種々の財政支援を通した新たな技術や農法の導入、データ収集力の向上である。アジェンダには有機農業の普及や農薬、肥料使用の削減が直接に盛り込まれることはなく、EUとはトーンが異なる。しかし、

アメリカでも有機農業向けの経営支援や技術支援が拡充されてきた。

　以下ではまず、フランスの有機普通畑作を例に慣行経営との比較から、経営収支と作付け体系の特徴をつかんでおきたい。それを踏まえて EU とアメリカの有機農業向けの経営支援について比較を兼ねつつ取り上げ、あわせて共創型のイノベーションを必要とする有機農業の試験研究、技術支援について示したい。

## 2. 有機農業経営と作付け体系―普通畑作の比較から―

　表3−1はフランス中央部の畑作地帯サントル地方の慣行普通畑作経営と有

表3−1　サントル地方の慣行・有機普通畑作経営の比較

|  | 慣行普通畑作経営 | 有機普通畑作経営 |
|---|---|---|
| 労働力単位 | 1 | 1 |
| 経営面積（ha） | 130 | 100 |
| 同地方経営数 | 2,757 | 128 |
| 直接支払受給額（€/ha） | 214 | 208 |

(単位：ユーロ)

|  | 慣行普通畑作経営 | 有機普通畑作経営 |
|---|---|---|
| 販売額（A） | 124,756 | 72,658 |
| CAP 助成金（B）注 | 28,725 | 24,318 |
| 経営費（C） | 113,086 | 55,453 |
| 　肥料費 | 28,802 | 4,000 |
| 　種苗費 | 8,705 | 8,027 |
| 　防除費 | 19,055 | 0 |
| 　燃料費 | 7,800 | 6,800 |
| 　修繕費 | 8,450 | 6,900 |
| 　作業委託費 | 1,300 | 1,000 |
| 　社会保険料 | 7,457 | 3,136 |
| 　借地料 | 17,667 | 13,590 |
| 　農業保険料 | 5,850 | 4,000 |
| 　その他 | 8,000 | 8,000 |
| 経営収支（D＝A＋B−C） | 40,395 | 41,522 |
| 借入金返済（E） | 26,676 | 18,933 |
| キャッシュフロー（D−E） | 13,719 | 22,589 |

資料：Chambres d'agricultute Centre Val de Loire, INOSYS Grandes cultures Centre-Val de Loire. Les cas-types 2018.
注：有機農業助成金は含まない。

機普通畑作経営の比較である。これはフランス農業会議所が特定の地域の標準的な経営モデルを実際の経営データに基づき作成したものである。種々のコンサルティングに用いるツールとして、モデル経営との比較による実際の経営の収益分析や技術評価などに活用されている。サントル・バルドロワール農業会議所では慣行普通畑作について規模と土壌条件（上畑、中畑、下畑）に応じて8経営モデル、有機普通畑作経営について2経営モデルを2年に1回更新する。資本構成、機械装備、労働時間、作目別収支、輪作体系、窒素収支などからなる。表は慣行、有機の普通畑作経営について、小規模中畑（労働力フルタイム1人）の経営モデルの経営収支と作物別収支の一部を抜粋した。

　慣行と有機の大きく異なる点の第1は作物構成と輪作体系である。慣行普通畑作では一般に上畑であれば輪作体系における作物数は少なく、低収量地域ほど作物数は多くなる。表の中畑モデルでは3年輪作（小麦―冬大麦―菜種）も珍しくない。有機普通畑作では抑草および窒素供給のためアルファルファを2年ないし3年作付けた後、その後作には主作物となる小麦が続く。冬作物と春作物を交互に作付けることで抑草効果が期待され、輪作途中にマメ科作物を挟むことで窒素供給を図るとともに、とりわけ飼料用作物には混作が行われる。圃場の栽培履歴や土壌気象条件により時々の修正とともに、地域ごと経営ごとに輪作体系や混作の組み合わせなど多様である。

　第2は経営収支の構造である。両者の経営面積は異なるがともに労働力1人の標準的な経営であり、慣行普通畑作経営の収支構造上、有機普通畑作経営より経営面積は大きい。費用で異なるのが肥料費＋防除費であり、慣行経営では368ユーロ/ha のところ、有機経営では40ユーロ/ha である。販売額は慣行経営960ユーロ/ha に対して有機経営では727ユーロ/ha であるが、それぞれの経営費870ユーロ/ha、555ユーロ/ha を差し引くと、経営収支は慣行経営90ユーロ/ha、有機経営171ユーロ/ha となる。有機経営では投入量削減のメリットを引き出していることが分かる。

　第3は収量と価格である。小麦収量で見よう。表中の中畑慣行経営における小麦収量は6.8トン/ha、同地方における上畑では7.7トン/ha に達する（表3－2）。他方、有機経営における小麦収量はアルファルファの後作で3.0トン/ha、

表3-2　サントル地方の慣行・有機普通畑作経営の収量・価格・収益

慣行普通畑作経営

|  | 面積（ha） | 収量（t/ha） | 価格（€/t） | 収支（€/ha） |
|---|---|---|---|---|
| 小麦 | 42 | 6.8 | 144 | 550 |
| デュラム小麦 | 17 | 4.7 | 220 | 567 |
| 冬作大麦 | 25 | 6.5 | 134 | 486 |
| 菜種 | 30 | 3.2 | 338 | 584 |
| ヒマワリ | 8 | 2.4 | 350 | 436 |
| 豆類※ | 8 | 3.1 | 206 | 397 |

有機普通畑作経営

|  | 面積（ha） | 収量（t/ha） | 価格（€/t） | 収支（€/ha） |
|---|---|---|---|---|
| 小麦（前作アルファルファ） | 11 | 3.0 | 385 | 1,041 |
| アルファルファ | 30 | 5.0 | 90 | 378 |
| 飼料ソラマメ注 | 10 | 1.9 | 360 | 681 |
| 小麦／飼料ソラマメ注 | 10 | 2.6 | 355 | 904 |
| 春作大麦 | 10 | 2.3 | 310 | 601 |
| レンズ豆 | 12 | 0.8 | 1,100 | 632 |
| トリティカル／豆類混作注 | 6 | 1.9 | 300 | 560 |
| 冬大麦／豆類混作注 | 6 | 2.5 | 320 | 752 |
| トリティカル | 5 | 3.1 | 300 | 821 |

資料：Chambres d'agricultute Centre Val de Loire, INOSYS Grandes cultures Centre-Val de Loire, Les cas-types 2018.
注：特定豆類に対する助成金（111.5€/ha）の交付が含まれる。

　春作物の後作で飼料用そら豆との混作の小麦収量は2.6トン/haである[1]。この低収量を補うのが慣行価格のほぼ2.7倍となる有機小麦価格であり、面積当たり販売額は慣行小麦550ユーロ/haに対して、有機小麦1,041ユーロ/haとなる。なお、標準と見込まれたモデル経営の比較であり、個々の有機畑作経営では年々の収量変動も小さくはないし、国際価格に連動する畑作物の価格の変動も大きい点は念頭に置く必要がある。

　普通畑作における有機転換のカギは抑草、地力管理、耕起、冬春季の土壌被覆、混作を組み込んだ輪作体系の確立である[2]。収益性やリスク分散、販路を考慮した作物の選択、栽培条件や市場環境、労働力賦存などを総合的に考慮した収量目標の設定、前作・後作関係や窒素固定に配慮した作付け順序、播種期・

播種密度の選択、目的に応じたカバークロップの選択、機械除草の頻度と方法、耕起による雑草種子の発芽誘導、そして労働時間や栽培上の役割を念頭においた耕起回数など、有機転換後の経営技術上の選択と決定は多様であり、時に臨機応変となる。また、抑草や地力増進の効果は圃場ごとに、また気象条件により空間的にも時間的にも大いに異なることから、標準の適用は目安に過ぎない。場と時に応じて個々の生産者が判断する場面は格段に増えるとともに、試行錯誤から得た経験値の蓄積が必須である。

　以上、普通畑作を例に慣行農業経営と有機農業経営の違いを見た。有機農業の振興はどのように方向づけられようとしているのだろうか。欧米の経営支援、技術支援について見ていこう。

## 3．EU の直接支払いによる経営支援

　ファームトゥフォーク戦略において、2030年までに有機農業面積を全農地の25％とする目標を掲げたことを受けて、2021年3月「有機生産の振興に関するアクションプラン」が発表された。2020年秋に行われたパブリックコンサルテーションにより各方面からの意見が取り入れられている。そこでは持続的な農法、再生可能資源の効率的な利用、高度なアニマルウェルフェア、農業者の収益性向上に向けて有機農業は農業生産のあるべきモデルであり、カーボンニュートラルや生物多様性保全を目指す上での模範であり、需要と供給の両側面において推進すべきとした[3]。

　2018年、EU において農地に占める有機農業面積の割合は7.5％、前年比7.6％増である[4]。オーストリアではすでに24.7％、スウェーデンでは20.2％、イタリアでは15.5％に達した。さらに、州単位の範囲で見るとザルツブルク州（オーストリア）では50％超、カラブリア州（イタリア）をはじめ30％を超える州はエストニア、スウェーデン、オーストリアにおいて計6州に及ぶ。他方、ポーランド、アイルランド、ギリシャなどの一部の州では1％に満たない。

　有機食品・農産物の消費額は368億ユーロ（2017年）で前年比11.2％増であり、2018年には400億ユーロを超えると見られている。2004年100億ユーロから市場規模は4倍に拡大した。生産条件や市場環境に応じて有機農業の進展度合いは

多様ではあるが、食料一般の需要の伸びに対して、有機食品・農産物に対する需要の伸びは顕著である。

　さて、EUにおいて有機農業者が受ける財政支援は第1に直接支払いである。表3－1のとおり、有機普通畑作経営においてキャッシュフローを超える直接支払いの給付がある。このうち、30％相当は環境保全や温暖化防止対策に資する持続的な農法を行う農業者に限定して給付される。「グリーニング」と称される措置で、具体的には1）永年草地の維持、2）10haを超える耕地では2作物以上、30ha以上の耕地では3作物以上、3）15ha以上の耕地のある経営で5％以上の環境重点用地（Ecological Focus Area: EFA）[5]の確保である。有機農業を行う場合、この3要件を満たすと扱われる。

　第2は有機農業に転換中、転換後の助成措置である。原則5～7年間の給付でEUが定める上限の範囲で加盟国が給付単価を設定する。1992年よりEUの財源を利用して加盟国は有機農業に対する助成措置を行ってきた。2014－20年期のEU共通農業政策の中で、農村振興に関する予算総額1,000億ユーロのうち、有機農業助成に関する充当額は75.3億ユーロ、7.3％である。農村振興において投資助成22.3％、条件不利地域支払い17.3％、農業環境支払い16.4％に次ぐ費目となっている[6]。

　図3－1には農村振興予算に占める有機農業助成の割合と農地面積に占める有機農業面積の割合が示される。両者の関係には特に明確な関連性は見られない。ベルギー、ブルガリア、キプロス、ドイツ、ギリシャにおいて有機農業支援に厚く、エストニア、フィンランド、ポルトガル、イギリスに薄い。各国の有機農業振興に向ける優先度がさまざまであることが分かる。

　なお、EUの農村振興政策では加盟国もしくは州の取り組みに応じて、有機認証費用への助成、有機生産者グループの共同出荷や販売等の活動に対する助成などのほか、野菜・果実、牛乳・乳製品向けの給食助成（2.3億ユーロ／年）を有機食材の購入に充てることができる。

　有機農業により近い現場を見ると、有機農業の振興の担い手が川下から川上まで多様であることが分かる。EUをはじめ各国、各地域と各層の政策機関が様々な支援対象に助成を行う。例えば、フランス政府が2008年に設置した有機

図3-1 EU農村振興政策に占める有機農業助成の割合

凡例:
- 農村振興予算に占める有機農業助成の割合（各国）
- ◆ 農地に占める有機農業面積の割合
- ── 農村振興予算に占める有機農業助成の割合（EU）

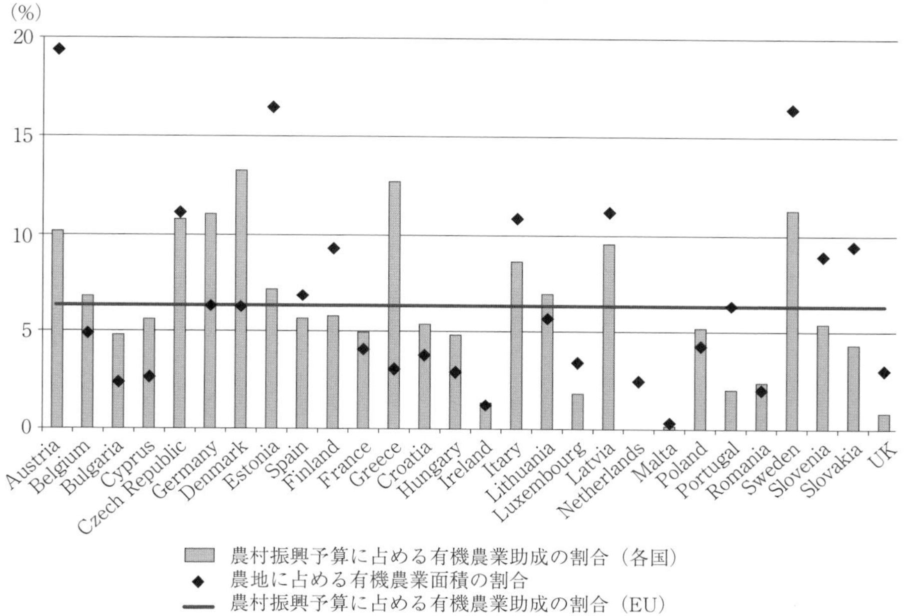

資料: Stolze, M., Sanders, J., Kasperczyk, N., Madsen, G., Meredith, S., (2016): CAP 2014-2020: Organic farming and the prospects for stimulating public goods. IFOAM EU.

　将来基金（Fonds avenir Bio）は公募により有機食品業界から事業計画を募集し、採択案件に対して投資助成を行う。フランスの首都圏イルドフランス州では有機農業の技術支援を行う農業会議所や有機農業生産者団体に対する種々の運営費助成や特定の事業費を助成したり、新規就農により有機栽培に取り組む農業者を育成するNPOや連帯金融により資金調達し農地や農事資産を買い取り、有機栽培を行う生産者に貸し付けるNPOなどに助成を行っている。また、同州は高等学校の施設管理を州が所管することから、給食への有機食材導入費に対して州内産を優遇しながら助成を行う。有機農業支援の全貌をつかむのは困難なほど、支援機関、支援対象は多様である。

## 4．アメリカの農業保険による経営支援

　世界の有機食品・農産物市場の4割を占めるといわれるアメリカでも、需要

の拡大傾向が顕著である。販売額は551億ドル（2019年）に上り、前年比4.6％増、10年で市場規模はほぼ倍増した。2019年の食品市場の5.8％は有機食品・農産物で占められる[7]。2019年USDA有機農業調査によれば、認証経営数は1万6,585経営、2,020万haで全国農業経営、農地面積のそれぞれ0.8％、0.6％である[8]。小規模な販売額1万ドル未満の認証経営49％、販売額シェア3.1％に対して、販売額50万ドル以上の認証経営17％、販売額シェア84％（2019年）と、アメリカでは大規模な有機農業経営に生産が集中する[9]。

　アメリカではEUのようにアクションプランを掲げて有機農業振興に取り組んではいない。しかし、有機農業者向けに財政支援による支援措置が講じられてきた。アメリカの主たる有機農業支援には第1に環境支払い、第2に有機認証費用助成、第3に有機農産物を対象とした作物保険がある。米EUの有機農業の発展の違いを市場先導型のアメリカ有機農業に対して、政府支援型のEU有機農業と評価されていたが[10]、近年ではともに旺盛な需要の高まりを背景に、米EUの農業所得分配の政策体系の違いが政府支援の在り方に反映する。すなわち、EUでは直接支払いによる有機農業者向け所得支援に対して、アメリカでは作物保険や収入保険を通し有機農業者向け所得支援である。

　環境支払いに当たるのが農務省傘下の自然資源保全局（Natural Resources Conservation Service）による環境品質インセンティブプログラム（Environmental Quality Incentives Program：EQIP）である。自然資源保全局は1930年代に始まる土壌流防対策の実施機関として1935年に設置された土壌保全局を前身とした行政庁で、土壌、水質、生態系など農業及び自然資源の保全を目的に財政支援や技術支援を行う。

　EQIPは気候配慮、景観保全、エネルギー効率改善、施設栽培等に対して、環境保全計画を策定した農業者が助成措置の対象となる。有機農業は2002年より有機イニシアティブとして固有の助成対象となり、有機認証農業者、年間有機農産物販売額5,000ドル未満の非認証農業者、および転換中の農業者が助成対象となった。各経営ごとに作成される保全計画に基づき、5〜10年契約、総額14万ドルを限度に給付される（2018年農業法、期間は2019〜2023年）。保全計画には灌漑効率の改善、緩衝地帯の設置、送粉昆虫等の生息地確保、土壌状態の

改善や浸食防止、発展的な放牧計画と保全的な家畜飼養、輪作体系の改良、植物栄養・害虫管理活動の改良、カバークロップ管理、施設栽培の導入が盛り込まれる必要がある。

2019年の参加経営数は1,323経営、23万 ha である 。認証経営は１万6,585経営、550万エーカー（222万 ha）であるから、有機認証経営の８％、有機栽培面積の10％が対象となる。

第２は有機認証費用助成である。当該年度の認証費用の50％もしくは500ドルを限度に、予算の範囲内で先着順に給付される。認証費用助成を受給する経営は2019年7,306経営、認証経営全体の44％である。

第３は有機農業向けの作物保険および収入保険を通じた政策支援である。慣行農業と同様に、農業者が支払う保険料の一部や業務委託を受ける民間の保険会社の管理費や再保険費用などの事業費を連邦政府が負担する。アメリカの農業保険制度は1938年に創設された。当初は自然災害等による収量の減少に対応する作物保険のみが実施されていたが、1996年からは収量の減少または価格の低下による収入の減少に対応する収入保険も実施されるようになった。作物保険は自然災害等（干ばつ、凍霜害、湿潤害、暴風雨、洪水、病害、虫害、獣害、火災、噴火等）による収量の減少に対して、また収入保険は自然災害等による収量の減少、価格の低下のいずれか、またはその両方による収入の減少に対して、農業者が選択する補償割合に応じて支払われる。基準となる単収は農業者ごとの平均実績単収・収穫単収、もしくは郡の平均実績単収・収穫単収（統計データ）に基づく。ただし、有機農業について、通常の有機農業慣行に従わない、USDA オーガニック基準に準拠していない、禁止物質のドリフトによる作物汚染による損害は対象とはならない[11]。

一般に有機農業は低収量であり、リスクも大きい。農業保険制度に有機農業が定着するには、2000年に農業リスク保護法（ARPA）が有機農業を優れた農法と定義し、全ての作物保険契約の条件の下で有機生産の保険契約を認めたことである。それまでは有機農法は適正な農業規範とみなされなかったため、作物保険に加入しようとする生産者は個別に生産慣行の適切性の確認を必要とし、その上で保険料や保証範囲が決定された。ただ、保険料を算定する情報として

有機農業における地域別および品目別の収量に関するデータは限られるため、慣行農業の保険料に対して5％の付加保険料を便宜的に課すこととされた[12]。

　以降、保険料や保証範囲の算定のための収量や価格に関する情報が蓄積されることで、有機農産物のプレミアムのついた市場価格が保険契約の保証算定価格に反映されるようになり有機農業での保険加入が有利になっていった。例えば、2014年農業法では有機農業に対する5％の付加保険料が廃止、契約栽培において定める価格を保険契約の保証算定価格に採用、また2016年までに全ての有機農産物について保険料や保証範囲算定のための価格を設定することを定めた[13]。

　さらに、少量多品種の有機生産者でも加入しやすい経営単位収入保険（Whole-Farm Revenue Protection：WFRP）が2015年、本格的に導入された[14]。作物ごとに加入する作物保険や収入保険とは異なり農業者が行う事業全体を対象とした農業保険であり、経営地がどこでも収入保証額850万ドルを限度に加入できる。要件となるのは継続する5年間の納税申告書（新規農業者については3年）の提出である。

　有機農産物を対象とした作物保険は認証された有機作物栽培面積と転換面積を対象に作物保険に加入するのは4,255経営で、うち有機作付け全面積について加入するのが2,392経営である。

## 5．有機農業のための技術支援―共創型のイノベーション―

　さて、以上のようにEUでは直接支払いを通じて、アメリカでは農業保険を通じて、有機農業経営の所得支援を行っていることが分かった。慣行農業から有機農業への転換、そして転換後の安定期に入るまでの間、農業者はさまざまな技術情報を必要とする。

　EUには農村振興とEU研究開発の財源により「農業生産性と持続性に関するEUイノベーションパートナーシップ（EIP AGRI）」と称する研究開発・普及への支援がある。研究機関だけでなく、農業者、技術指導員、企業、NGO等が参加する実践的なグループ活動からのイノベーションを狙ったもので、2014年以降2,000余りのグループのうち73が有機農業に特化したグループとして、

試験研究活動費の助成を受けた。いわば、共創（co-creation）による試験研究、技術普及である。イタリアにおけるチェリーと生食用ブドウの有機栽培管理、ドイツの有機菜種生産における新しい肥培管理と抑草、フランスの地中海地域における有機野菜と果樹の混作システムなどである。

　EUは独自の研究機関を持たないため、その役目は財政的な研究支援を通したEUワイドの試験研究交流の促進である。具体的な試験研究、技術普及は加盟国が行う。フランスについて見よう。フランスの有機農業研究の推進は1997年有機農業振興計画以降、数次にわたる振興計画の中でうたわれてきた。フランス国立農学研究所（現INRAE）における内部公募方式の研究プログラムもその一環に位置づけられる。2000年～2015年の間に、有機農業研究の所内公募が8回、51件が採択された[15]。主な公募課題を見ると、2001年～2003年には「ブドウ褐色病（flavescence dorée）対策」「銅処理削減の影響」「有機種苗」「有機施肥」、2004年には「植物の遺伝子型と環境の相互作用」「ブドウ病害」「群管理、放牧のための草食家畜の寄生虫の総合的抑制」「小麦のタンパク質含量・製パン特性、有機パンの品質」「有機農業の環境影響」、2009年には「有機農業の経済・環境効率評価」「有機農業の経済的発展」、2015年には「有機農業振興のための成果（パフォーマンス）の特徴付け」「生産・加工部門における技術、システムの改善」である。

　研究アプローチの傾向として指摘されるのが、分析的アプローチから総合的アプローチの傾向的増加でありその奨励である。応用試験研究および農業者への情報提供、技能養成は政府からの助成を受けつつ農業者団体が担い、畑作物、果樹、畜産、ブドウ・ワイン生産など部門ごとに18機関が全国的に組織される。この部門別機関の中に有機農業を専門とする有機農業技術院（ITAB）が全国の圃場試験を組織するほか、県や州の農業会議所が有機試験圃場を整備することが多く、部門に関わらず地域的な有機栽培技術の課題に取り組む。先のEUの試験研究助成を受けるプロジェクトも少なくない。

　アメリカではUSDA傘下の研究機関、農業研究局（ARS）で有機農業研究プロジェクトが開始されたのが1999年、63名の研究員で始まった。2007年には有機農業研究はARSの100研究拠点のうち20拠点以上で実施され、およそ

2,000 人の研究員のうち100 人以上が関与するようになった[16]。国立研究機関における有機農業研究が定着していると言えよう。

　外部機関向けの研究助成には有機転換プログラム（ORG）と有機農業研究および普及イニシアチブ（OREI）がある。ORG は1998年の農業研究・普及・教育改革法（AREERA）によって設立され、2001年から公募が開始された（2020年予算総額580万ドル）。対象は大学に限定される。2002 – 21年間に109課題が採択され実施されてきた。有機栽培で行う長期的な土壌管理のもとで特定の農法と農法の組み合わせがシステムの中でどのように相互作用するか、保全的農法の成果や温暖化防止効果をどのように評価するか、有機農業をめぐって科学的な視点から解明されていないことはまだまだある。

　また、有機システムにおける生態系サービスを定量化する指標やモデルも十分に開発されていない。このような有機生産システムにおける未解明の課題に取り組むべく、1）有機農法の効果の計測とその解釈と評価、2）生態系サービスの維持向上や温暖化への適応力とその緩和に関する改良技術と指標の開発、3）使用禁止が勧告された投入剤の代替物質の開発や代替農法の開発、4）有機転換時の障害の克服、を目的とした課題が採択される[17]。

　OREI は2004年より USDA が公募する競争的資金で、研究、教育、普及の総合を通して有機農業者や事業者が必要とする知見を提供する試験研究を対象とする（2019年予算総額2,000万ドル）。特に課題の設計から実施まで生産者や事業者と協働することが要件となり、生産技術の改良から販路拡大の障害の解明や消費分析まで課題設定の範囲は自然科学から社会科学まで広く、実践的かつパートナーシップ型の試験研究を求めている。対象は大学等の試験研究機関に限定されず、広く有機農業界、関連業界が応募できる。2004年～2021年の間に274課題が採択され実施された。最近年の採択課題には中小規模の有機サツマイモ農家向けの土壌病害対策ガイドラインの作成、有機米の市場分析と消費者意識調査に基づいたマーケティング戦略、DNA マーカーを活用した有機栽培向けトウモロコシ品種の開発、有機養豚－F1ライムギ生産システムの改良、有機農産物の収穫後のハンドリングの安全性向上などがある。OREI は有機農業の試験研究の財源の要である。2017年有機農業研究法を踏まえて、2018年農

業法は2019年まで総額2,000万ドル／年のところ、2023年まで総額5,000万ドル／年に拡充する[18]。有機農産物の需要増に供給が追い付かない状況を反映した有機農業推進のための公共試験研究投資である。

## 6．むすびにかえて

　欧米にみられる有機農業の展開は力強い需要が20年来牽引してきた。欧米主要国ではこの需要の伸びに対して生産が追いつけず、有機農業振興は輸入代替を目指す農業政策として重要である。EUの経営支援のベースは直接支払いであり、加盟国の事情にもよるが有機農業規則に従って生産しても有機農産物としては販売できない転換中の所得支援や転換期間終了後の所得支援が充実している。他方、アメリカでは種々の環境保全プログラムに有機農業者は参加しやすいとはいえ、EUに比べると支援を受ける農業者は少ない。しかし、近年は農業者一般が加入する作物保険や収入保険に有機農産物価格のプレミアムを評価するなど、有機農業に配慮した加入要件が整備されてきた。EUとアメリカ、それぞれの農業所得政策の伝統の上に有機農業者支援が根付く。

　他方、有機農業に転換しようとする農業者、また、転換期間を終え安定的な有機栽培を目指そうとする農業者にはさまざまな技術情報が欠かせない。有機普通畑作のモデル経営でも見たように、農薬や化学肥料の不使用に加えて複雑な作付け体系を組むことで、場と時に応じて個々の生産者が判断する場面は格段に増えるとともに、試行錯誤から得た経験知の蓄積が必須となる。EU、アメリカはともにこのような現場の経験知と科学的な知の融合による、いわば共創型のイノベーションを目指した有機農業の試験研究、技術普及を進める。

## 注

1）食用小麦と飼料用そら豆の混作の場合には収穫後の選別を要する。
2）Chambre d'Agriculture, Grandes cultures biologiques. Les clés de la réussite. Guide technique réalisé par le réseau agriculture biologique des Chambres d'agriculture. 2017.
3）European Commission, Action Plan for the development of organic production. Brussels, 25.3.2021 COM（2021）141 final.

4 ）Agence Bio, L'agriculture bio dans l'Union européenne. Edition 2019. 2020.

5 ）休耕地、水環境や生け垣など景観構成要素、緩衝帯、植林地、窒素吸収作物の作付などの非生産用地で、生息地の涵養や環境保全に資する区域をさす。

6 ）European Commission, Report on the European Agricultural Fund for Rural Development（EAFRD）2020 Financial year. COM/2021/539 final.

7 ）Agence Bio, L'agriculture bio dans le monde. Edition 2020. 2020.

8 ）USDA, 2019 Organic survey（2017 Census of Agriculture Special Study）. 2020.

9 ）大山利男（2015）「アメリカの有機農業―「オーガニック」を超えて「ローカル」へ」『有機農業がひらく可能性』ミネルヴァ書房.

10）Dimitri C, Oberholtze L., Market-Led Versus Government-Facilitated Growth Development of the U.S. and EU Organic Agricultural Sectors. Electronic Outlook Report from the Economic Research Service, ERS-USDA, 2005.

11）USDA-RMA, Organic Farming Practices. Fact sheet. June 2021.

12）USDA-RMA, Report to Congress: Organic Crops and the Federal Crop Insurance Program. January 28, 2010.

13）算定価格は郡単位で設定され、一部作物について設定されない作物もある。

14）1999年から経営単位収入保険として AGR（AdjustedGross Revenue）が特定地域（2014年は18州）を対象に試験的に実施、また、2003年からは AGR の加入条件を一部簡素化した AGR-Lite（2014年は35州を対象）が実施されてきた。WFRP は果樹・野菜生産者、有機農産物生産者、市場へ直接販売を行う生産者、多角化した生産者を主な対象に AGR や AGRLite を拡充した収入保証を提供する（吉井邦恒（2016）「セーフティネットとしての農業保険制度―アメリカ・カナダの農業経営安定対策の事例研究」『保険学雑誌』第634号、137-157.）。

15）Bellon S., Penvernb S., Les dynamiques de recherches en bio. Focus sur celles menées à l'INRA. « Pour » N° 227, 2015, pp.189-198.

16）農林水産省農林水産技術会議事務局技術政策課「米国における有機農業研究の現状と動向調査」2008年 . および、USDA-ARS, National Program 216: Sustainable Agricultural Systems Research. Organic Agriculture Production Research（https://www.ars.usda. gov/natural-resources-and-sustainable-agricultural-systems/sustainable-agricultural-systems-research/docs/organic-agriculture-production-research/）.

17）USDA-NIFA, Integrated Research, Education, and Extension Competitive Grants Program – Organic Transitions. Request for Applications（RFA）for Fiscal Years（FY）2020.

18）USDA-ERS, Agriculture Improvement Act of 2018: Highlights and Implications. Organic Agriculture（https://www.ers.usda.gov/agriculture-improvement-act-of-2018-highlights-and-implications/organic-agriculture/）

〔2021年11月 5 日　記〕

第Ⅱ部　みどり戦略と基本計画等との関係

# 第4章　みどり戦略はバックキャスティングアプローチをとっているのか
## ―食料自給率向上の実現可能性との関係から―

武 本 俊 彦

　大規模自然災害や新型コロナウイルス感染症のパンデミックは気候変動に起因しているのではないかとされ、その気候変動は化石エネルギーへの転換を契機とする産業革命とその後の近代経済成長によってもたらされた。

　2021年5月に策定された「みどりの食料システム戦略（以下「みどり戦略」）」は、前年10月に菅前首相による「2050年に日本の温室効果ガス排出量の実質ゼロにする目標を掲げる」表明があったことを踏まえて策定[1]された。官僚だけで3カ月の短期間で決めていいのかといった批判がある中で、2050年脱炭素目標が現状の延長線上の努力ではその実現はきわめて困難であり、経済社会や産業のあり方を根本から見直していくことが必要であることからすると、このような決定プロセス自体は否定されるものではない。

　要するに、みどり戦略は、現状に立脚してこれまでのトレンドの延長の姿を描くのではなく、2050年脱炭素目標を実現するための「あるべき姿」を描きそれを現状からどのように改革を進めていくのかを示す「バックキャスティングアプローチ」を取ることが求められているのである[2]。そうだとすると「食料・農林水産業の生産力向上と持続性の両立をイノベーションで実現」する中身は、「バックキャスティングアプローチ」となっているかどうかが問われていることになる。

　本章では、バックキャスティングアプローチ、システム思考などの考え方[3]に立脚してみどり戦略、とりわけ食料自給率の向上をもたらす可能性を検討す

ることとしたい。

## 第1節　みどり戦略：「生産力向上」と「持続性」の両立をイノベーションで実現することの意味

　みどり戦略は、前述のとおり2050年脱炭素目標を実現することを前提として、食料システムを「持続可能な食料供給システム」に改革することを目指すものであるが、そもそも食料システムに関する具体的な説明はない[4]）。

　そこで、食料システムとはどういう概念であるのかを検討することとしたい。

### 1．農業・食料関連産業（＝食料産業）とは何か

　2020年3月に閣議決定された現行の食料・農業・農村基本計画（以下「基本計画」）には、食料システムという用語は使われていないが、「農業・食料関連産業」という用語が使われている。農林水産省の用語解説によると、「農業、林業（きのこ類やくり等の特用林産物に限る）、漁業、食品製造業、資材供給産業（飼料・肥料・農薬等）、関連投資（農業機械、漁船、食料品加工機械等の生産や農林漁業関連の公共事業等の投資）、外食産業（飲食店、持ち帰り・配達飲食サービス等）、これらに関連する流通業を包括した産業」であって、産業連関表や国民経済計算に準拠して農林水産省が作成している「農業・食料関連産業の経済計算」において集計の対象としているものを指している。なお、この集計の対象となる産業を食料産業と呼んでいる。みどり戦略の対象産業は「きのこ類やくり等の特用林産物」に限らず全ての林業を包含していることになる。

　農業と食料関連産業について、「農業・食料関連産業」と表記されていることからすると、単に農業と食料関連産業とを包括したものというよりは、これらの産業が一体のもの、あるいは、密接に連携しているものとして捉えられていると考えられる。

　こうした考え方を取ることとした背景には、高度経済成長期における農林水産業（以下、便宜「農業」という）自体の日本経済に占める地位の著しい低下の中で、消費者の食料消費形態が、素材としての「農林水産物」の購入から加工

された「食品」や、「食事」といったサービスの購入という形態へ変化したことが挙げられる。その結果、産業としての規模を示す産出額、従事者数が日本経済の一定割合（「一割産業」）を占めるという実態[5]があったからである。

## 2.　食料システムの仕組み＝構造
### （1）食の消費形態の変化

　日本における食の消費形態は、戦後復興期から高度経済成長期にかけて、大きく変化した。

　第一に、戦争直後の「飢餓」状態から「飽食」へと食の成熟化（飽和化）が図られ、その結果、消費者の食に対するニーズは、「量的拡大（カロリーの増大）」から「質的充足（高価格・高付加価値化）」へと変化してきたことが挙げられる。また、食料供給サイドの経営モデルは、プロダクトアウト型からマーケットイン型へと転換したと言える。

　第二に、女性の高学歴化、雇用機会の拡大などによって、女性の社会進出が図られたことである。家事労働は無償の労働であるが、女性にとって雇用機会が増えるに従い、素材としての農産物を購入して家庭内で調理をし家族に食事を提供（内食）するよりも、調理食品を購入（中食）したり食堂で食事をとる（外食）ことの方が家計全体の所得水準を引き上げることになる状況が生まれてきた。また、調理には、一定の機械・器具を使用することから、食事一単位のコストとして考えれば一定の固定費がかかることになる。一般的には世帯員数が多ければ多いほど食事一単位の固定費は低下することになるが、実際の世帯員数の動向をみると小規模化を続けている。このことは、調理に手間暇をかけるよりも、中食や外食に切り変えた方が合理的であることを示している。すなわち、機会費用や規模の経済の観点から、調理といった家事労働は外部化され、内食から中食、外食へと変化をもたらしたのである。

　第三に、このような需要面での変化は、食料の加工・流通業にとってビジネスチャンスとなったわけで、こうした需要の変化によって家庭では味わえない「おいしさ」「値段の手ごろさ」「料理の簡便さ」を実現する技術革新の進展がもたらされたといえる。

　以上の需要面からの変化と供給面のイノベーションが相まって、生産―加工・流通―消費までをつなぐ食料システムが形成されたと考えられる。すなわち、同システムにおいては、市場メカニズムが基本的に作動し、これにより多様な消費者ニーズに適った財・サービスを提供し得る食料産業が形成されてきたのである。

　つまり、多様な消費者のニーズに対応して食料が安定的に供給されることを担う食料産業は、売り手と買い手による自由でかつ公正な競争を通じて買い手にとって最も望ましい財・サービスを提供するのである。言い換えれば価格をシグナルとして社会の資源配分が決定される仕組み（＝市場メカニズム）が作動していることによって、効率的な資源配分が実現されるのである。

## （2）チャネル・キャプテンの登場

　しかしながら、食料産業としての発展を促すために市場メカニズムが機能することが重要となってくるとはいっても、そもそも市場メカニズムは万能ではなく、場合によっては機能しなくなる場合がある。例えば、高度経済成長期には、対面による販売を行う食品専門小売店（八百屋、肉屋など）が流通の大部分を占めていたが、これに対抗する形でセルフサービスを基本としワンストップショッピングを可能とするスーパー・コンビニが登場し、これによって流通の構造が大きく変化した。とりわけ、本部による企画販売戦略に従って一括仕入れを行うチェーンストアシステムは、消費者価格の引下げを実現した。また、商品価格を読み取り合計金額を計算するPOSシステムは、その個々の情報の集積によって、商品の売れ筋等を予測することが可能となる情報力を装備したのである。つまり、商品流通における取引価格や取引数量、取引単位あるいは販売促進策などの主導権を握った「チャネル・キャプテン[6]」が登場したといえる。

## （3）自由で公正な競争条件の確保の必要性

　こうした大規模量販店の登場は、売り手と買い手との力関係が対等とは言えないような事態（＝自由で公正な競争条件を欠くケース）が生じ得るようになった

ことを意味する。すなわち、食料システムにおける下流側の企業（大規模量販店）による上流側の企業（農業、食品製造業など）への「価格引下げ」に関する不当な圧力が存在するような場合である。このような事態が生じた場合には、食料産業全体の健全な成長が阻害される恐れが出てくる。この競争が阻害されるという意味は、消費者にとってはやがて価格の引上げが起きるリスクがあることに加え、新規参入の可能性が低下し、イノベーションが起こりにくくなることによって、産業の発展が止まりやがて衰退をもたらす可能性があるということである。

　食料システムがこのような仕組み＝構造を持ってきたことを前提に、食料産業の健全な成長を確保することは、国民への食料の安定供給が確保されることにほかならず、それはどのような事態になっても対応可能な食料システムの強靱化（レジリエンス）を確保すること、すなわち食料の安全保障の確立にほかならないのである。こうした観点に立てば、「公正な競争条件の確保」を図るための政策が必要になってくるのである。すなわち公正な競争条件を確保することは、独占禁止政策の範疇であることはもちろんである。と同時に、農産物の価格弾力性が必需品であるがゆえに小さく所得弾力性も小さいこともあって、取引面で農業者は不利な立場に立つことが多いことから、その不利を補正することが必要になる。また、21世紀の経済社会が「格差拡大・貧困化」が進む中で、労働分配率が低下傾向にあり、先行き不透明感の高まりから企業は内部留保を積み上げ、需要不足に伴う価格低下＝デフレマインドが続いていく状況にある。こうした事態においては、価格メカニズムが機能する必要条件として公正な競争条件を確保することが何よりも重要となってくる。その上で収入・所得の低下に対し再生産を担保する十分条件として、直接支払いなどの政策対応が求められることになると考える。

　以上のように考えると、食料システムおよびそこで形成される食料産業という概念は、市場メカニズムが食料システム全体において機能していることを基本として、公正な競争条件を確保する上で政府の関与のあり方を規定する重要なメルクマールとなるものである。つまり、システム全体の最適性を担保することが重要であって、構成要素の部分最適が必ずしも全体最適を保証するもの

ではないという考え方をとっているからといえよう。

　みどり戦略は、「食料・農林水産業の生産力向上と持続性の両立をイノベーションで実現させるため、中長期的な観点から戦略的に取り組む政策方針」のことを指している。

　食料システムが、上記のような仕組み＝構造によって規定されているとすれば、この仕組み＝構造を前提にしたままで、起きている現象だけに着目して改善を図ろうとしてもうまくいかないことを意味する。つまり、戦略において、化石燃料を前提に労働生産性の向上を是とする観点から構築された仕組み＝構造をどのように変えていくかが明確でなければ、食料システムそのものを転換することは困難であることを意味する。言い換えれば脱炭素を前提とする「生産力の向上」を実現するイノベーションであるかどうかが問われているのである。

　その検討の前に、基本計画における食料自給率向上の意味を検討しよう。

## 第2節　基本計画における食料自給率向上の意味するもの

　日本経済は、明治維新以降の拡張期（人口増大、物価上昇、経済成長）から20世紀末から21世紀初頭の転換点を経て、収縮期（人口減少、物価下落、経済停滞・衰退）にある。食料・農業・農村基本法は、その転換点にあたる1999年に、農業基本法を廃止して新たに制定された。

## 1．食料・農業・農村基本法の理念
### （1）保護対象の転換

　農家保護および農業保護、農業生産者のための「農業基本法」（以下「旧法」）から国民全体のための「食料・農業・農村基本法」（以下「新法」）へ転換された。

　旧法は、農村の貧困解消を目指すものであり、当初の道筋は「所得と生活水準の格差是正を構造改善と農業の生産性向上により実現するもの」とされたが、実際は「兼業所得の増大」によって農村の貧困問題は解消された。新法では、農業政策ないし農業保護の目的を国民全体にとっての便益＝食料の安定供給の

確保と国民全体にとっての農業・農村の多面的機能の維持に求めることとした。しかし、旧法から新法への理念の変化がそうだとしても、日本農業の現状はすでにその内側から急激な縮小過程に陥っており、このままでは国民全体の便益を確保することも困難となっている。

## （2）　新法が想定していた前提条件

　いずれにしても、新法が「効率的かつ安定的な農業経営」が農地の大部分を保有する「望ましい農業構造」を実現することとしていることからすると、旧法と同様に、「大規模専業経営」（＝労働生産性の向上＝農業の成長産業化）を目指すことにあったと考えられる。その前提として、需要の拡大（人口は引き続き増加）、価格は上昇（物価上昇）、ウルグアイラウンド農業交渉の結果の国境措置は維持することを想定していたものと考えられる。なお、農村の振興や多面的機能の発揮と農業生産の大部分を大規模経営が担う農業構造の展開とをどのようにして成り立たせるのか、その関係は明確ではなかった。

　日本経済が収縮期に入ったことを考えると、後述する食料自給率目標のあり方を含め、新法の下で形成された食料システムの仕組み＝構造を見直すことが必要となっていることが示唆される。

## 2．食料自給率目標の設定

　新法では、5年ごとに策定される基本計画において、食料自給率目標を設定することとされている。

## （1）食料自給率の意義

　食料自給率とは、国内の食料消費が、国内生産でどの程度賄われているかを示す指標であり、その示し方については、重量で計算する「品目別自給率」と食料全体について共通の「ものさし」で計算する「総合食料自給率」の2種類がある。総合食料自給率には、熱量で換算するカロリーベースと、金額で換算する生産額ベースのものがある。

　食料自給率は、前述のとおり国内生産が国内消費のどの程度を占めるかの指

標であることから、国内生産が増えても国内消費が増えていけば食料自給率が低下する場合もあり、国内生産が減少しても国内消費が減少すると食料自給率が向上する場合もある。したがって、単年度の絶対値ではなく経年的な変化を分析し、その要因を探ることに意味がある。

　食料消費は、「所得水準が低い時代」は生きるために必要なカロリーを増やす方向に食料を選択することになる。所得水準が上昇し食生活が量的に充足する（食生活の成熟期）とカロリーベースの消費量の伸びは鈍化し、消費者の関心は金額の高い高付加価値なものにシフトしていく。所得水準の上昇に伴って、米の消費が減って畜産物・乳製品が増えていくのはその表れである。

　すなわち、所得水準の上昇と食料消費の動向の変化に伴い、日本農業における食料生産の方向は相対的にカロリーの大きい食料生産から畜産物、野菜、果樹といった価格の高い食料生産を志向することとなった。このことは、指標としての食料自給率がカロリーベースのものよりも生産額ベースの方が、日本の消費・生産の実態によりフィットしたものとなっていることを示唆している。そのことに加え、そもそもカロリー自給率はウルグアイラウンド農業交渉で自由化を迫る米国等に対し、「日本はこれだけ海外から食料を買って自給率が低くなっている。これ以上の自由化は無理だ」との論拠として使われたといわれていることにも留意する必要がある。

## （2）食料自給率目標は生産額ベースでいいのではないか？

　食料自給率目標は、食料安全保障の観点から必要とされている。

　食料安保というのは、まず平時においては国内生産と輸入と備蓄によって、消費者のニーズに適った食料供給を確保することである。その場合、飽食を前提とした食料自給率を維持することではなく、結局、需要に応じた国内生産を示す食料自給率が適当であり、その場合の目標としては生産額自給率でいいのではないかと考える。

　次に、不測の事態については、戦争や今回の新型コロナウイルス感染症の発生に伴い、国内生産・輸入が不安定化し、国民の買いだめのような行動が起こって、食料の需給・価格が不安定化するような場合の対応の仕方である。不測

の事態が起こっても必要最低限のカロリーを供給できる体制を確保することが重要な課題となってくる。つまり食料の起点となる農業において、意欲と能力のある経営者、高度な技術を持った農業従事者、優良な農地・土地改良施設の保全等からなる生産力を確保するための政策をきちんと行うことにほかならない。これは、食料安保の観点から食料自給力の維持向上を図るということである。

## 第3節　みどり戦略は自給率向上をもたらすのか

### 1．基本計画とみどり戦略の関係

　基本計画は2020年度からの10年間を対象とする食料・農業・農村政策の基本方向を示すものであり、みどり戦略は2021年から2050年の脱炭素に向けた持続可能な食料システムの構築に関する戦略を示すものである。

　また、脱炭素に関しては、みどり戦略の前提条件とされる脱炭素目標が示されたのが2020年10月であることから、基本計画では全く視野に置いていない。

　さらに、食料自給率目標については、基本計画では2030年度目標（カロリー、生産額）を明記している。戦略では「食料・農林水産業の生産力向上と持続性の両立をイノベーションで実現」とされているが、食料自給率目標に関する言及はない。食料自給率（＝国内生産力／国内消費）に関係する「生産力」については、脱炭素との関係でトレードオフの関係にあるとされている。脱炭素と生産力向上とのトレードオフ関係をブレークスルーするのがイノベーションと位置付けられている。

## 2．イノベーションの意味するもの
### （1）イノベーションとは何か

　オーストリアの経済学者ヨーゼフ・シュンペーターが「経済発展の理論」の中で使用した用語であるイノベーションは、①新しい財貨の生産、②新しい生産方法の導入、③新しい販路の開拓、④原料または半製品の新しい供給源の獲得、⑤新しい組織の実現（独占的地位の形成あるいは独占の打破）という場合から

構成される[7]。

　日本では「技術革新」と訳されているが、技術革新では経済の供給面（①②）だけを意味するように受け取られかねない。実際は需要面（③）や、社会的価値や変革の面（④⑤）にも関係していることから「誤訳」との指摘もある。つまり、イノベーションの意味するところは、新しいアイデアや仕組み、情報などを取り入れて社会的な価値を新たに生み出すことであり、社会や会社にとって有益な変化を起こすことにほかならないのである。

## （2）産業革命

　産業革命は、自然エネルギーから化石エネルギーへの転換を起点とするイノベーションに伴って起こったことであるが、同時に地球温暖化が始まる契機となった。すなわち、道具から機械への変化、工場制と近代産業の確立など産業の技術・生産組織・生産力の面での変化をもたらし、技術革新によって、従来の「道具を用いた作業場」の「自営生産者」のうち、一部は「機械を備えた工場」の「所有者」（＝資本家）へ、大半はそうした工場で働かざるを得ない「賃労働者」へと社会を2つの階級に両極分解（資本の本源的〔原始的〕蓄積）させたのである。こうした変革は、生産部門だけでなく、運輸・通信・金融業などの工業以外の分野にも波及していった、まさに「革命的事態」が起こったのである。

　エネルギー面で見ると、「人力、風力、水力、薪・炭（森林の伐採）といった『再生可能エネルギー』から『人工エネルギー（当初は石炭・コークス、続いて石油・天然ガスなどの化石燃料）』への転換によって、再生可能エネルギーのもつ自然の制約条件を突破する」ことが可能となって産業革命を実現したのである。

　以上の変革に加え、市民革命によって身分制・共同体の諸規制から解放された結果、職業の自由・移動の自由が現実化し、人間の「際限のない欲望」を充足しようとする活動が可能となっていった。その結果、近代的経済成長（経済の持続的成長）が実現し1850年の約1兆ドル（約110兆円）から2011年の約70兆ドル（7,700兆円）に増加するとともに、同期間の人口規模は約12億人から約70億人を超えることになったのである。

## （3）現代農業の誕生

　現代農業とは、化石エネルギーを前提に、化学肥料＋多収型品種開発＋化学農薬＋機械化によって誕生したものとされる。

　土地生産性を向上する観点から、多収型品種の開発、その前提として窒素肥料の多投（＝化学肥料の登場）があり、その結果として多発する病害虫を防除するための化学農薬の多投が必要となった。

　また、労働生産性を向上する観点から、賃金上昇する労働に代替するための機械化が起こり、単位労働当たりの土地面積（土地装備率）の上昇（規模拡大）が可能となり、化石燃料の消費増加が起こったものである。

　いずれの場合も化石エネルギー投入量の増大によって生産性の上昇がもたらされた。こうした現代農業は、19世紀末に登場し、20世紀を通じて世界各地に定着した。農業機械によって土地を深く耕すことが可能となり、全般的に労働生産性を高く保つことが可能となった。また、化学肥料は、従来の緑肥や魚粉（いわゆる有機肥料）に比べ、化学農薬とともに、高い土地生産性を支えることになった。つまり、現在の農業生産力とは、製造業などと同様に、「過去の自然（環境）に依存（＝化石燃料の使用）」したものであり、化石燃料に依存できない場合には、化石燃料に依存しない「あらたな技術」が開発されない限り、現在の生産力を維持できないことに留意すべきであろう。

　機械化に必要なエネルギーは、化石エネルギーから再生可能エネルギー（バイオエタノール、電力）への転換が考えられる。また、化学肥料・化学農薬については、適期施用により節約することが期待される。しかし、化学肥料・化学農薬に代わる別のものを開発することができるのか。つまり、収量が減ることがないのか？　コストが増えることはないのか？　いずれにしても収益性が改善されなければ、新しい技術の社会実装は起こりえず、社会的変革も実現しないのである。

　なお、欧米の政策には、慣行栽培に代えて環境保全型農業に移行した場合、単収が低下する部分を直接支払いによって補填するという「環境支払」が導入されている。こうしたことからしても「単収が落ちる」ことを前提として考えるのが適当ではないか。

## 3．みどり戦略に対するコメント

　みどり戦略に示される2050年までの技術の工程表は、一種の「ウィッシュ・リスト」に過ぎないのではないか、それによって持続可能な食料供給システムの構築が本当に担保されるのか、定量的な評価がなくこれらの個別技術の費用対効果の分析がなされておらず、全てが並列的に記されているだけではないのか。特に、脱炭素を前提に、化学肥料（30％減）、化学農薬（50％減）、有機農業（25％＝100万ha）によって、生産量を維持することができるのかが示されていない。

## （1）脱炭素と生産力向上とのトレードオフの解消は可能なのか？

　脱炭素と生産力向上とはトレードオフの関係にあると考えられるので、そのトレードオフの関係を打ち破るのがイノベーションとすれば、脱炭素を前提とする「品種開発」、「化学肥料」、「化学農薬」、「機械作業」などの生産要素は土地生産性、労働生産性、経営の収益性の面でどのようになっていくのかを示すべきではないか。

## （2）人口減少・超少子高齢化の日本における農業構造はどのようになるのか？

　人口減少・超少子高齢化の日本においては農業への投入労働量は激減することが見込まれるが、どの程度の減少と見込まれるのかは示されていない。その上で、現行の技術体系と農業構造の下では生産量はどのように変化し、収益性はどのようになっていくのかを示し、それを踏まえて脱炭素を前提とする技術体系（（1））の下でどのような生産量、収益性となっていくのかを示すべきではないか。

　仮に「現状程度の生産量」を維持することを前提とする場合には、労働生産性の向上をどのように見込むのか。それが実現できなければ、生産量の減少に加え荒廃農地の発生も見込まれることからその数量も示すべきではないか。

## （3）想定される農業経営の姿はどうなるのか？

　さらに、劇的な労働生産性の向上が必要とした場合、現状の家族経営に根ざした農業構造から生まれるのか。土地・労働・資本・技術の結び付きのあり方が大きく転換することから生まれるのか。つまり、労働節約・資本集約型にイノベーションが起こることが前提であり、そうしたイノベーションを実現するビジネスモデルをマネジメントする経営体は、雇用労働と高度な技術体系を駆使する能力を持った企業ではないか。あるいは、小規模経営でもこだわり商品の生産によって、経営が成り立つ余地はありうるのか。

　いずれにしても経営モデルを示すべきではないか[8]。

　想定される経営モデルは、わが国の土地条件（土地の零細分散錯圃、土地の「農業的利用」と「都市的利用」等の混在状況）、労働分配率の低下と企業の内部留保の積み上がりなどによるデフレマインドの強い経済状況からの転換の可能性、農業部門を主体とするのか他部門を取り込む経営体かなどに影響される。特に経営の持続性を担保する収益性の確保について、労働生産性による収益性の確保を図るとしても、土地生産性の低下による収益低下を補填するためにどのような政策的手当てをするのか、その道筋が示されていない。

　つまり、さらなる大規模化によって実現することとするのか。その場合、日本の現状の土地条件下で可能性があるのか。それとも高価格な農産物（高収益性作物）への転換によって実現することになるのか。農業だけではなく加工・流通・サービスを含めた多角的経営によって実現するのか。

　さらに、高度な技術を導入し、大規模な農地を管理する経営のあるべき姿（資本装備の内容と収支の見込み等）を示し、その実現の道筋（その実現には、技術の開発に加え、現行の制度、規制、慣習などのルールの改革が必要）をどのように進めていくのか。

　以上の議論を踏まえると、みどり戦略は、

①　食料システムの構造がどのようになっているかの現状把握とその分析が行われていない。

②　現状の食料システムから持続可能なものへ改革することが戦略の「肝」と

考えられるにもかかわらず、戦略における技術の工程表では、個別技術の費用対効果の分析がなされておらず、すべてが並列的に記されているだけであることに加え、

③　生産力の向上に必要となる農業構造や農業経営のあり方に関する指標が示されていないという特徴がある。

以上を合わせ考えると、みどり戦略の実現可能性、特に食料自給率向上の可能性を評価することは極めて難しいと考える。しいて言えば極めて低いのではないか。

以上が本稿の結論である。

## 注

1）農水省の当局者によれば、事務レベルの検討は2020年の7月から始まっており、菅総理のカーボンニュートラルの宣言よりも前からであるという（『どう考える？「みどりの食料システム戦略」』（以下「どう考え？」）15頁）

2）農水省当局者は、「2050年に目指す姿、すなわちバックキャストとしての目標」である旨明言している（どう考える？19頁）

3）バックキャスティングアプローチ、システム思考などの考え方については、枝廣淳子＋小田理一郎著『なぜあの人の解決策はいつもうまくいくのか』（東洋経済新報社・2020年11月第11刷）、枝廣淳子著「地元経済を創りなおす―分析・診断・対策」（岩波新書・2018年）、枝廣淳子著『好循環のまちづくり！』（岩波新書・2021年）を参考とした。

4）『「食料システム」という用語は、食料の生産、加工、輸送及び消費に関わる一連の活動を指す。食料システムは、人間の生存のあらゆる側面に関連する。我々の食料システムの健全性は、我々の身体の健康だけでなく、我々の環境、我々の経済、及び我々の文化の健康にも深く影響する。食料システムがうまく機能すると、私たちを家族やコミュニティ、国家として結びつける力となる。』国連食料システムサミット2021より（fss-10.pdf（maff.go.jp））（2021年08月28日アクセス）。この説明は、システムがどういう構造にあり、どのような因果関係からつながっているのかは明確ではない。

5）2019年の農業・食料産業の経済計算によれば、国内生産額は118兆円余り、全経済活動の11.3％を占めている。

6）チャネルキャプテンとは、当初の卸（いわゆる「問屋」）から1950年代の第一次流通革命ではメーカー（食品製造業）へ、1980年代の第二次流通革命では小売業者（特に大規模量販店）とされている。なお、2010年代以降はITやSNSを駆使する消費者（プロシューマー）が主導権を握る第三次流通革命の時代との考えもあるが、その情報を握っているのはGAFAであることに留意すべき。

7 )「経済発展の理論」（上）182〜185頁（岩波文庫1977年）
8 ) 小田切徳美によれば、みどり戦略では、地域の担い手論が明確ではなく、その内発的な力に接続されていなければバックキャスティング法も意味がないとコメントしている（「どう考える？」43〜48頁）

〔2021年10月16日　記〕

# 第5章 「みどりの食料システム戦略」と食品産業

荒 川　隆

## 1. はじめに

　農水省本省本館6階に米麦政策を所掌する食糧庁が存在していた頃、巷間しばしば指摘され、当時の農水官僚たちもなるほどと思い当たるフレーズに、こんなものがあった。「およそ農水省という役所は、7階の林野庁と8階の水産庁を除いて、1階から6階まで全ての部署でコメのことを考えている」

　本館5階にある構造改善局は土地改良事業を所管していたが事実上水田の基盤整備がもっぱらだったし、4階の経済局は農業委員会や農協、金融、税制などを所管していたが、これまたメインテーマは水田農業である。2階には耕種農業全般を所管する農産（蚕）園芸局がおかれていたが、コメの転作をどうするか、麦大豆などの水田転作作物の生産対策、農業改良普及事業も普及員のメインストリームは水田だ。南別館4階に所在した食品流通局は本来なら川中・川下の食品産業の利益代表のはずなのだが、食管制度や加工原料乳生産者補給金制度などの原料農産物の政策・制度の影響を受けて、食品産業政策はなかなか思うに任せない状況が続いた。南別館5階の畜産局だけは直接コメとは関係がなかったが、その後、飼料米や耕畜連携、水田放牧など、コメ政策の裏腹で盛り上がったりひいて行ったりする荒波に洗われることとなった。

　当時、毎年のコメ政策は6月の生産者米価（政府買入米価）と12月の消費者米価（政府売渡米価）の決定を二大頂点として、省全体の予算編成も一般会計から食管特会（食糧管理特別会計）への繰入額が決まらないうちは実質的な査定作業も行えなかった。米価決定時には三番町分庁舎で開かれる米価審議会に全国から農業団体関係者が集まり、麹町警察署に警備出動の依頼をするなど、社

会的耳目を大いに集めたものだ。事ほどさように、農水省と言えばコメ、という時代が長く続いた。

　1995（平成7）年に50年続いた食糧管理法が廃止され、その後需給調整のための政府によるコメの売買業務もなくなるなど、次第にコメ一本足打法は影を潜めていった。役所の行政組織も、2003（平成15）年には食糧庁が廃止され、2015（平成27）年に設置された米麦政策を所掌する政策統括官組織も2021年の7月の組織再編で廃止された。今やコメ政策の比重も小さくなってきたが、農水省の頭の中は依然としてコメ政策や水田農業中心であることに変わりはない。

　そんな農水省が、曲がりなりにも「食料システム」という言葉を使った長期的な政策の方向を示す文書を策定したことは（その内実はともかく）、コメ中心の往時を知る者として、隔世の感を禁じ得ない。

　本稿では、2021（令和3）年5月に農水省が策定公表した「みどりの食料システム戦略（以下「本戦略」という）」について、これまで第1次産業ファーストの政策運営の中で呻吟してきた、食品産業の立場から、問題点、課題、将来展望について、考えていきたい。


## 2．経緯

　2020（令和2）年10月、当時の菅総理は国会の所信表明演説において、「2050年までに、温室効果ガスの排出を全体としてゼロにする、すなわち2050年カーボンニュートラル、脱炭素社会の実現を目指す」ことを宣言した。30年後という現役世代には予測も検証も不能であり、政策目標としても数値目標としてもいささか無理があるものであった。米国やEUなど、主要国が相次いで脱炭素に向けて目標設定を行っている中で、先進主要国の一員であるとの自負を有するわが国としても何らかのコミットメントをせざるを得なかった、そんな印象が強い。

　政権トップが打ち出した目標である以上、霞が関（官僚機構）はお付き合いせざるを得ないわけで、各省庁が一枚岩となっているかどうかはともかく、この目標に向けて急速に舵が切られていくこととなった。

　2020年10月30日には総理を本部長とする地球温暖化対策推進本部が開催され、

2050年カーボンニュートラルに整合する「地球温暖化対策計画」や「エネルギー基本計画」などの見直しに着手、12月には、国・地方脱炭素実現会議の開催など、歯車が大きく動き出した。政府全体のこのような動きに対応して、農水省においてもその所掌分野に関わる脱炭素化の取組み推進のため検討に着手されたのが、本戦略であったのだろう。

農水省は、2021年1月8日の農業法人協会との意見交換会から同年4月19日の消費者団体との意見交換会まで、全22回の各界との意見交換を行うとともに、これに先立つ準備会合の第1回（2020年9月9日）から第6回（2021年3月12日）までの省内検討会において、有識者からの意見聴取も行っている。おそらく儀式的なものだろうが、農林水産大臣をヘッドとしほぼ省議メンバーと同様の構成となる戦略本部も3回行われ、結果として2021年5月12日に、緑の食料システムの最終取りまとめが行われた。

この間、食品産業界も求めに応じて意見開陳、問題提起を行っている。2021年2月19日に、第15回目となる各界との意見交換会に食品製造関係者が招致され、日清食品ホールディングス株式会社、不二製油グループ本社株式会社、一般財団法人食品産業センターとの意見交換が行われた。コロナ禍のもとで、WEBシステムでの実施という難点はあったものの、参加者から食品製造業の抱える課題や検討中の原案への問題提起などを行っている。

## 3．みどりの食料システム戦略における食品産業の位置づけ

本戦略では、「1　はじめに」及び「2　本戦略の背景」という総論的なイントロダクションの後で、「3　本戦略の目指す姿と取組方向」が示され、「4　具体的な取組」が整理されている。ここでは、3および4の各論部分において食品産業がどのように位置づけられているのかを見てみたい。

まず、目指す姿と取組方向としては、以下の4点が掲示されている。

①2030年度までに、事業系食品ロスを2000年度比で半減、さらに2050までに、ＡＩによる需要予測や新たな包装資材の開発等によりロスの最小化を図る。

②2030年までに食品製造業の自動化等を進め、労働生産性の3割以上の向上、さらに2050年までにＡＩ活用等によりさらなる労働生産性向上を図る。

③2030年までに食品企業による持続可能性に配慮した輸入原材料調達の実現を目指す。

④2030年までに流通の合理化を進め、飲食料品卸売業における売上高に占める経費の割合を10％に縮減、さらに2050年までにAI活用等により更なる縮減を目指す。

また、具体的取組としては、無理・無駄のない持続可能な加工・流通システムの確立として、

①持続可能な輸入食料・輸入原材料への切り替えや環境活動の促進

②データ・AIの活用による加工・流通の合理化・適正化

③長期保存、長期輸送に対応した包装資材の開発

④脱炭素化、健康・環境に配慮した食品産業の競争力強化

が、掲示されているほか、環境にやさしい持続可能な消費の拡大や食育の推進として、

①食品ロスの削減など持続可能な消費の拡大

②消費者と生産者の交流を通じた相互理解の促進

③日本型食生活の総合的推進

などが掲示されている。

これらの内容は、読者の便宜のために筆者が要約したものではあるが、基本的には本戦略本文からの引用である。一見して、字句の重複が多いことに気づかされる。「データ」「AI」「ロボット」「新たな」「開発」などの言葉が多用されている点も、将来への丸投げ感が否めない。また、本文をつぶさに読みこんでみても、掲げられている項目の重要性は理解できるものの、ではその取り組みをどのようにどういうタイムスパンで誰が担って進めていくのかなど、「具体的な」と銘打つにはいささか心細く感じられてしまうものばかりだ。

## 4．食品産業のグリーン化のための課題と展開方向

第1次産業と違って、食品産業は、従来から、資本市場における投資家との対話や内外のマーケットにおける消費者の厳しい選択との対峙、市場における同業他社との熾烈な競争など、本戦略があろうがなかろうが、生産性の向上・

競争力強化や広義のグリーン化への取り組みは待ったなしの状況であった。

　これまでも、CSR（企業の社会的責任）や障害者雇用などの課題への対応が求められてきているが、今や世の中は、SDGs（持続可能な開発目標）や ESG 投資（環境・社会・企業統治に着目した投資行動）への対応、また国際的な児童労働などの人権問題への対応など、生産性や商品・生産物の品質・価格といった企業活動の本来的な指標だけでは、広義の企業の存在価値が測られなくなってきている。

　そのような対応が求められている食品産業にとって、曲がりなりにも国が、食料システムという言葉を用いて、川上の第 1 次産業だけではなく、食品製造・加工・流通・販売までをも射程に置いた、システムとしての戦略を策定したことは一歩前進ではあるが、まさに求められるのは、その「具体的な」政策対応の内容であろう。

　農水省においては、大臣を長とする「みどりの食料システム戦略本部」を設置し、本戦略策定・公表後もその実現に向けた推進方策などの検討を進めてきている。2021年 8 月末には本戦略実現のために欠かせない新技術の研究開発や実証プロジェクトなどを内容とする令和 4 年度予算概算要求や、みどりの食料システム推進室設置の組織定員要求が行われ、また、本戦略に関わる法制化の検討も進められていると聞く。

　これらの予算措置、税制要望、組織定員要求などにおいては、旧来の農水省の習い性である第 1 次産業偏重の弊に陥ることなく、食料システムの重要な一翼を担う食品産業に対する本戦略実現のための政策支援措置が適切に講じられることを期待したい。

　3 に掲げた食品産業の KPI については、目指す方向として特段異論はなく、KPI 達成のための実行可能な手法などについて、今後官民挙げての検討が行われ、しかるべき政策的指導や支援を活用しながら実現を目指すことになろうが、4 つの KPI のうちの 1 つ「本戦略の 3 −（5）−10」の輸入原材料の調達については、問題を提起しておきたい。

　そもそも、食品製造業において脱炭素化を目指す場合、自社の直接排出分のスコープ 1 や間接排出分のスコープ 2 に比べて、原料調達や商品配送・廃棄等

に伴う間接排出分であるスコープ3のウエートが大きいという特徴を有している。その意味で、原料調達先である内外の農畜産物生産プロセス（農畜産業）に由来する温室効果ガスをいかに削減するかということが、食品製造業としての脱炭素化の実現にとっては不可欠な課題である。この点、本戦略には、「3　本戦略の目指す姿と取組方法」の「(2) 政策手法のグリーン化」の④において「持続的な原料調達（中略）など企業等による環境配慮型経営の取組を促進するとともに、(後略)」と掲げられている。ところが、(5) のKPIの段落においては、「⑩食品企業における持続可能性に配慮した輸入原材料調達の実現を目指す」とされ、国産原料に関する記述が見当たらない。

　本件のくだりについては、国際商品作物であるパーム油を念頭に置いて記述されているようなのであるが、関係業界団体および企業によれば、すでにパーム油については、国際的な認証制度の存在や自社基準による持続可能性の確認などによる現地生産プロセスのフォロー体制や現地生産の支援なども相当程度構築されてきていると聞く。この点については、2の経緯のところでも記した食品産業界からのヒアリングの際に、政策当局に問題提起を行ったのであるが、残念ながら本戦略への反映は行われていない。

　いずれにしろ、さらなる輸入原料の適正化を目指すという方向性については否定しないが、一方で、わが国の国産原材料についてのスコープ3の問題に言及が無いことについては問題無しとしない。例えば、国内耕種農業については、化学肥料や農薬の使用量削減目標が設定されるなど、グリーン化に向けた方向性は示されているが、国内畜産酪農に関して脱炭素化を目指す際の方策としてはいかなる道があるのであろうか。昨年から導入された輸入飼料の存在を考慮しない名目の自給率である国産化率でこそ43％（飼料自給率を反映すると11％）であるわが国畜産酪農においては、輸入飼料依存の問題が従来から指摘されている。

　輸入飼料穀物を太平洋航路で長時間かけて運搬し、これを国内飼料メーカーが港湾立地する工場で加工・処理し、製品飼料を北海道や南九州などの畜産酪農地帯にトラックで運搬している。その飼料を国際的な飼養期間よりも長く給餌することで成立しているわが国の和牛生産や輸入飼料依存型の都府県酪農な

どのほうが、パーム油など国際的な監視の目がすでに厳しくなっている輸入原材料よりも、はるかに問題は深刻ではないだろうか。よもや鳴り物入りで設置された新生「畜産局」に配慮して国内畜産酪農についての本戦略上の表現に抑制が働いたなどということはなかろうが、自給率の向上や国産農畜産物の利用促進を別な政策で推進していく以上は、それと整合的な国内農畜産業における脱炭素の取り組みが求められるだろう。輸入原材料と比較して適正な国産原材料が選ばれるよう、国際的に持続可能性が評価される生産方式への転換と、それを食品製造業者が確認して利用できる仕組みなど脱炭素の見える化の導入が必要だ。

## 5．食品産業のグリーン化に必要なものとは

　最後に、「3　本戦略の目指す姿と取組方法」の「(3) 国民理解の促進」に関し、付言したい。本戦略が目指す方向は、一次産業であれ、食品産業であれ、俯瞰すれば経済活動としてはコスト増要因として働くものである。地球環境のことを考え、また児童労働の禁止や人権問題など普遍的な価値の実現に向けては、これらのコスト増要因についても、関係者は受け入れていかなければならないのは当然のことであろう。

　その際、これらのコスト増を誰が負担するのかという点は重要な論点である。仮に、これらのコスト増をサプライサイドのみで吸収することが求められるのであれば、第1次産業も食品産業も成り立たないことは言うまでもない。もしそうなればわが国の第1次産業、食品産業は消滅してしまい、今以上に輸入農産物や輸入食料に頼らざるを得ないこととなろう。そうならないためには、グリーン化によるコスト増要因を最終製品に価格転嫁し、それを受け入れることができる賢く豊かな消費者が広範に存在することが必要である。

　したがって、国内の消費者に対してこれらのグリーン化対応の必要性を啓発し、そこには不可避的に発生するコスト増要因が存在すること、そのコストをサプライサイドの努力とともに最終消費者がともに負担していくことが、この国の農業、食品産業、そして持続可能な地球環境にとって不可欠であることなどを、啓発・価値共有することが何よりも重要である。その意味でも、2021年

　7月に農水省が提唱した「食から日本を考える。NIPPON　FOOD　SHIFT」をキャッチコピーとする国民運動は時宜を得たものといえよう。

　本国民運動は、2020年3月に策定された食料・農業・農村基本計画の「食と農の国民運動の展開」を実践するべく発案されたものである。昨今、食と農との距離が遠ざかり、食料・農業・農村に対する国民の意識・関心が薄れている中で、これからの食を確かなものとするためには、消費者と生産者が一体となって行動変容につなげていくことが必要である。時代の変化に対応し日本各地の食を支えてきた第1次産業者や食品産業者の努力や創意工夫について消費者の理解を深め、国産農林水産物・食料品や有機農産物の積極的な選択に向けた行動変容につながることを目指すものである。これらの運動を通じて、グリーン化に努力するサプライサイドの取り組みを消費者が理解し、グリーン化のコストの一部を進んでシェアするような賢い消費行動につながることが期待できる。

　もちろん、第1次産業や食品産業が供給する食料品は日々の生活に不可欠な必需品である以上、そのコストは最終消費者が負担できる範囲とする必要があろう。一方で、サプライサイドでのグリーン化対応により、製造コストは確実に上昇せざるを得ないのだから、繰り返しになるが、これらのコストを消費者に安定的に負担してもらうためには、豊かで多数の消費者を広範に育成することが求められる。経済成長の成果を勝ち組の企業内に取り込むだけでなく、労働分配率を上げて、そして、財政の所得再分配機能も強化して、1人当たり国民所得を向上させるような、そんな経済政策が必要であることを指摘しておきたい。


## 6．むすびに

　みどりの食料システム戦略から派生していささか風呂敷を広げすぎた感もあるが、本戦略を一時のあだ花とさせないためにも、農政論や食品産業論にとどまらない広範な経済政策や社会政策が伴う必要があるだろう。時あたかも岸田新政権が誕生し、従来の新自由主義的で国民を分断するかのような競争一辺倒の成長戦略から、成長と分配を車の両輪とする穏やかな政策に方向転換する可

能性も見えてきている。全国津々浦々で、豊かで人間的な消費生活が送れ、地球にも優しい、そんな食料システムが実現することを期待して筆をおくこととする。

〔2021年10月16日　記〕

# 第6章　みどり戦略は持続可能性(サステナビリティ)・SDGs と整合的か
## ―技術革新への期待過多、社会変革の土台ビジョン提示を―

古 沢 広 祐

## 1．時代的転機としてのサステナビリティ

　ふり返ると、戦後の日本では1960年代の高度経済成長期に入っていく時代に、全国総合開発計画や列島改造論がもてはやされ、国際化の波に乗って加工貿易立国が目指された。近代化を推進する基本政策としては、工業化を押し進める一方で農業基本法や林業基本法などが整備された。それらは、農業においても工業化と同様の短期的な経済効果、単一的な価値に基づいて生産面で最大化を目指す政策展開（狭義の経済発展）であった。食料・農業政策も生産第一主義に傾斜した結果として、経済的豊かさをもたらした反面で環境や資源、自然生態系（生物多様性）との軋轢を生じさせた。そして今日に至って、この生産第一主義が方向転換を迫られている。この見直しの動きは、国際的には気候変動や生物多様性などの国際環境条約が成立するなかで、国連のSDGsが成立する流れへと合流し進行している。

　日本では1999年に食料・農業・農村基本法、2000年に循環型社会形成推進法などが成立し、生産主義的な経済偏重の政策から環境重視へとシフトする流れ（環境レジーム形成）が急速に高まってきた。農業分野でも農業・農村の多面的機能が強調され、人と自然との多様な関係性に目を向けるとともに、暮らしや生活面にまで踏み込んだ地域政策や社会政策的な要素を含み込む流れになっている。それは自然資本や生態系サービスへの再認識、新たな価値づけと「豊かさ」を見直す、サステナビリティの流れとして現在進行中である。

　日本社会は少子高齢化、産業構造変化の下で、成長・拡大主義の時代からポスト成長時代へと移行している。従来の展望としては、グローバル競争に勝ち

残る一極集中型の展開（成長戦略）を前提とする経緯があった。そうした未来展望は、2020年に突然世界を襲った新型コロナウイルス感染症のパンデミック（世界的感染爆発）によって調整局面を迎えている。従来の競争や効率主義に傾斜しすぎた発展パターンが、いかに脆弱なものかが白日の下にさらされたのである。従来の発展パラダイムが、自然生態系の異変や気候大変動という環境制約の顕在化で転換の局面に入ったのであった。

　今回のパンデミックにみる巨大リスクが明らかにしたことは、環境面での諸問題のみではない。従来の発展パラダイムの下で生じた現代社会の矛盾については、貧富格差の拡大、地方衰退、人口減少（出生率低下）の深刻化など、さまざまな形で山積してきた。今回のパンデミック危機は、従来からの矛盾と深刻な事態を一挙に浮かび上がらせたと言ってよい。その点でも従来の効率と競争に傾斜しすぎた一極集中型の発展パターンは見直され、これまでの延長線上では日本や世界の持続可能な未来社会は展望しがたいことが、今や明白になってきたのではかろうか。

　その点では、みどり戦略の内容はいろいろ野心的な展望が示されていて評価できる面もあるのだが、従来路線の延長の色彩がまだ色濃くある点が気になる。SDGsとの関連でも同様であり、どうも日本の現状が時代的な転機に乗りきれない状況が映し出されているかにみえる。それは世界のSDGs達成度の比較ランキング（国連SDSNと独ベルテルスマン財団が毎年発表）において、日本の順位がこのところ11位（2017年）から15位（2018・19年）、17位（2020年）、18位（2021年）と年々低下してきた動向とも軌を一にしている。本稿では、世界の潮流である持続可能性の展開（SDGsはシンボル的存在）を踏まえて、みどり戦略の課題や今後の政策展望について私見を述べてみたい。

　ただしここで言うSDGsに関しては、その根底を形づくってきたサステナビリティを実現する総体を示すシンボルという位置づけで扱っている。実際のSDGsは、諸分野（17の大項目）について指針が明示されているが、その活用は各国の国情に任せられており、本稿では詳細部分ではなくその理念部分を重視して論じていく。理由としては、国連加盟国が2015年国連総会（国連設立70周年）にて全会一致で採択したもので、理念優先で細かい点では妥協の産物という性

格を持つからである。この国連総会には、日本政府の代表団の一員に加わり現場を見聞したが（NGO顧問の立場）、採択後の各国代表の演説では北朝鮮代表も登壇していたことが印象に残っている。すなわち、人類共通の理念的目標として解釈の幅が広いこと、あくまでもボランタリーな取り決めとの性格を持つということである。

## 2．気候変動・生物多様性・ワンヘルス

　まず初めにSDGsの底流にある持続可能性（サステナビリティ）をめぐる動向について、簡単にふり返っておこう。持続可能性に関しては、環境、社会、経済という3側面での矛盾の克服という課題が基底にある。とりわけ重要なのが環境面での矛盾の激化であり、気候危機への対応など、待ったなしの取り組みが求められている。筆者はこれを環境レジーム形成として捉えており、時代的な転機を先導する動きを形成している（古沢2020）。簡単にその環境レジーム形成の動きをみておこう。

　1992年の地球サミット（国連環境開発会議）において、人類は2つの国際環境条約（気候変動枠組み条約、生物多様性条約）を成立させた。これらは現代文明の大転換をリードすべく生み出された双子の条約と位置づけられる。現代文明の発展の土台は、億年単位の悠久の歳月をかけて自然が育んできた化石燃料（非再生資源）の大規模な消費に依拠して成立したものだった。この"化石燃料文明"（非循環的な使い捨て社会）による発展形態が、気候変動枠組み条約（以下、気候条約と略）によって終止符ないし根本的な転換を迫られている。産業革命以来、大量の化石燃料の消費によって築かれてきた私たちの社会が、2050年を目途に温室効果ガス排出実質ゼロ（カーボンニュートラル）へと急ブレーキを踏むような事態、いわば大変革へのチャレンジが始まったのである。

　他方、生物多様性条約（以下、多様性条約と略）については、人類だけが繁栄して他の生物種を絶滅に追い込み生態系を破壊する開発行為を阻止すべく生まれたものである。実際は保全と利用が絡み合う矛盾含みの条約ではあるが、生物多様性に基づく生態系保全によって、生命循環（共生）の原点に立ち戻る"生命文明"の再構築（永続的な再生産に基づく社会）を目指すべく生まれた条約と

位置づけることができる。双子の条約という意味合いでは、気候条約はブレーキ役であり、多様性条約は舵をきって軌道を正す役割を持つと言ってよい。しかしながら、気候条約と比較すると多様性条約については、京都議定書やパリ協定のような仕組みが十分には機能しておらず、きわめて深刻な事態に陥っている。多様性条約会議（COP10、2010年）にて定められた愛知目標（2011-2020）は、達成ができたものがわずか12％程度にとどまり、未達成（63％）や進捗なし・後退（22％）というのが現況ということで、きわめて厳しい状況にある。

　気候条約での取り決めに関しては、科学的データで基礎づける IPCC（気候変動に関する政府間パネル）レポートがあるが、同じく多様性条約に関しても IPBES（生物多様性・生態系サービスに関する政府間パネル）によるレポートが公表されている。最新のレポートでは、今の人類はかつてない大量の食料やエネルギー、物資が供給されている一方で、それを支える生物圏が人類史上例を見ない速さで減退し、損なわれる危機的事態にあると指摘している（IPBES 2019）。しかし、深刻さを直接的に感じやすい気候危機に比べて、多様性の危機への認知度は相対的に低いというのが現状である。

　世界が今回直面した新型コロナのパンデミックは、人間による生態系破壊と密接に関わって生じており、あらためて多様性条約の意義を見直す必要がある。事態の深刻さに気づき始めた動きとしては、近年「ワンヘルス」（環境・野生生物・人間の健康は一体のもの）という概念が提起されている。しかし、そうした認識を基礎にして政策面で対応していく動きとしては極めて不十分である。ワンヘルス概念を踏まえた政策については、気候変動問題と生物多様性・生態系保全が密接にリンクしているとの認識の下で政策を組み立てることが重要である。すなわち、2つの環境条約が補完し合って相乗効果的な対策としてワンヘルス政策が期待されるところなのだが、その連携はまだ端緒に着いたばかりである（古沢2020、2021a：本誌66号）。

## 3．カーボンニュートラルと生物多様性との連携

　現在、気候変動への取り組みが先行しており、直近の英国グラスゴーで開催

されたCOP26（第26回気候変動条約会合、2021年10月末〜11月）では、気温上昇を1.5度C以下に抑えるべくカーボンニュートラル目標の取り組みを強化することが合意された（グラスゴー気候合意）。同時に注目すべき宣言として、首脳級会合の世界リーダーズ・サミットで「森林・土地利用に関するグラスゴー首脳宣言」が出されたことは、注目しておきたい動きである。これは気候変動に悪影響を与える点で長年危惧されてきた森林破壊を阻止し、生態系保全の強化を目指したものである。英国の強いリーダーシップが発揮されて実現した宣言だが、その背景には英国の環境政策の革新的動きがあり、とりわけ自然資本という新しい概念とアプローチを重視してきた経緯がある。

　自然資本とは、経済利益のみならず人間社会の存続と発展を支える価値の源泉として自然を捉える考え方である。すでに国際統合報告評議会（IIRC）の国際統合フレームワーク（2013）では、資本とは6つの資本（財務資本、製造資本、知的資本、人的資本、社会・関係資本、自然資本）から構成されるとし、自然資本を会計や価値創造に関わる基本概念に位置づけている。こうした動きの延長線上には、国連のSDGsの動きも重なってきており、その様子が、図6−1において示されている。第1次産業を含むさまざまな産業が自然資本をベースに組み立てられている状況が再認識されており、SDGsとの関連で事業のあり方を見直して環境調和と社会的貢献を目指す時代を迎えている。英国政府は早くから自然資本を国の会計制度に取り入れる動きに取り組んでおり、その延長線で英国財務省は、生物多様性と経済の関係を包括的に分析した「ダスグプタ・レビュー」を公表している。これは現段階で生態系重視の将来展望として集大成的な内容となっており、今後の持続可能な社会形成に向けて指針になるものである（総ページ数606頁、2021年2月）。

　すなわち今後の時代的転換を見通す際には、社会や産業を組み立てる土台を構築し直す視点が重要なのである。言い換えれば、それがないと従来路線の延長線上でしか将来像を描けないということである。土台の再構築という点に関しては、その大前提に産業や社会活動の基礎ないし基盤となる「資本」という概念について、根本的な見直しが必要である。自然資本という概念もその1つであり、それに付随してさまざまな特徴を持つ諸資本の形態を見直し、明示化

図 6 - 1　　SDGs と 6 つの資本の関係

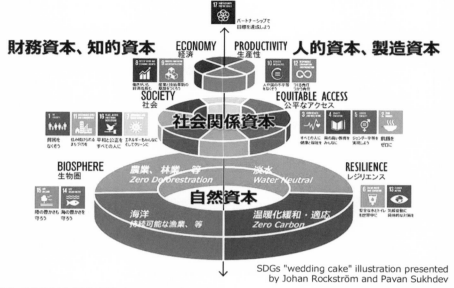

出典：環境省『生物多様性民間参画ガイドライン（第 2 版）』
http://www.env.go.jp/press/104856.html

したものが上記の 6 つの資本概念である。まさに諸産業や各種の人間活動の発
展を突き動かすエンジン部分として、諸資本をとらえ直してそのダイナミズム
をコントロールしていく発想は、社会経済構造の転換を促すために重要な起点
となる考え方である（ホーケン／ロヴィンズ2001、馬奈木2011、藤田2017）。資本概
念の再構築の試みとしては、わが国では宇沢弘文氏による「社会的共通資本」
の考え方が提起されてきたが（宇沢2000）、それを発展的に構築する試みとして
は倉坂秀史氏（千葉大学）による資本基盤主義による政策組み立ての提起など
が注目される（倉坂2021）。こうした資本概念の再構築こそが、来るべき社会変
革を導くためには必要不可欠な作業だと筆者は考えているのだが、現状として
はまだ模索段階にあり今後の展開に期待しているところである。

## 4．新たな可能性を秘める第 1 次産業―持続可能な社会の要―

　　現状認識としては、人類の繁栄を支えてきた巨大システムが大きく調整され

る局面にあり、私たちの発展パターンの根本的組み直しが不可避となっている。その転換をスムーズに実現するための手掛かりとしては、繰り返しになるが上記の双子の国際環境条約やSDGsが目指す意味内容を十分に認識して相乗効果的に生かす戦略こそが重要である。そして、その際の中核的な位置にあるのが第1次産業であり、とりわけ農林水産業の抜本的な再構築こそが要（かなめ）となる。この点は、カーボンニュートラルとの関連でも特に強調したい点であり、とくに最大の土地利用型産業部門としての第1次産業（農林水産業）の役割を新たな視点で展望することが重要になってきている（古沢2020、2021b）。

　カーボンニュートラルとは、炭素循環の出入り（収支）で実質ゼロを実現することなのだが、それは従来の発展パターンの大転換を意味していることは既述の通りである。しかし、残念ながらこの大転換が意味する全体像は私たちの想像を超えるものであり、まさにグレート・リセットを意味している（フロリダ2011、シュワブ／マルレ2020）。イメージ的には、かつて江戸時代から明治期に社会全体が大変貌を遂げた様子を思い浮かべると、その実感が湧くかもしれない。すなわち、今後の10年、20年、30年が経過して、ちょうど明治期に起きたような社会が一変してしまう事態が起きることが想定されるのである。今後起きるパラダイム・チェンジの具体像はなかなか想像しにくいのだが、ここでは原理的な部分だけでも明確化しておくことにしよう。

　その基本は、社会経済システムを循環と再生産のもとに安定化させる、基本的には資源・エネルギー利用の定常化、持続可能性の実現である。循環・再生産については、その基本的な原則としてハーマン・デイリー（エコロジー経済学）が提起している3つの基本的条件を踏まえる必要がある（デイリー2005）。概略は以下の3点である。

　①再生可能資源は、消費量を再生可能資源の再生量の範囲内におさめる。

　②枯渇性資源は、資源消費をできる限り再生可能資源に代替する。

　③環境汚染物質は、排出量を抑え、分解・吸収・再生の範囲内に最小化・無害化する。

　上記の3点に定式化される考え方（3原則）は、資源利用と環境に依存する人間社会システムが永続性を確立するための基本であり、人間活動の諸レベル

で普遍的な原則として受け入れるべき事柄である。こうした原則を基にして、さらに生物多様性の保全を加味して国の基本政策が組み立てられる必要があり、すでに欧州の主要国（ドイツや北欧諸国など）では先駆的に取り入れられている。この資源利用の基本原則は、実は第1次産業が成り立つ根幹部分を成すものであり、近年注目されている自然資本の概念においてもベースとなる考え方である。

　そして今、カーボンニュートラル目標がそれを具現化する象徴的課題として浮上している。世界の排出量の上位3部門は、電力・熱生産（25%）、農林分野（24%）、産業（21%）であり、運輸（14%）などが後に続く（IPCC第5次評価報告書）。自然エネルギー、水素の活用などといった技術革新への期待とともに、順位でいえば上位2番目の農林分野が重要課題として削減を求められている。その内訳は森林破壊（14%）と農業（10%）なのだが、本来は炭素の吸収源となりうる可能性を秘めている部門である点には留意したい。先に触れたグラスゴー宣言もその点に着目した提起であった。

　そこで注目されてきているのが、排出ではなく吸収の機能であり、とりわけ土壌有機炭素の貯蔵量の巨大さに着目した動きがある。土壌中の推定貯蔵量は約1兆5,000億トンにのぼり、これは大気中（7,500億トン）の2倍、陸上植物（5,000億トン）の3倍の量であることから、その変動の影響力を無視することはできない。人類の有史以来（数十万年）の土地利用改変によって約5,000億トンが失われたと推定されているが（加えて化石燃料の総消費量は約2,500億トン）、それを反転していくための提案が、2015年のCOP21会議にてフランス政府から出されている。

　土壌中に毎年0.4%ずつ炭素貯留を増加できれば人為的排出量を相殺できるとする「千分の4（4パーミル）イニシアティブ」である。以前から土壌貯留に着目した研究はあったのだが、あらためて積極的な政策として提案されたのだった。かつて大規模な炭素の地中貯留が地球史・生物進化的には起きてきたことを考えるならば（石炭、石油等）、中長期的視点としては考慮すべき提案である。しかし重要視しつつも、地球史的に起きた炭素貯留は極めて長期的期間で生じたものであり、その点の考慮は必要である。また測定法・評価方法など

でも課題が多いのだが、すでに通常の農業生産における農法としても有機堆肥投入、不耕起・保全型農業、再生（リジェネラティブ）農業、カーボンファーミングとして認知され出している。こうした農業は、EUの新CAP（共通農業政策）における補助対象にも挙げられ、米国のバイデン政権でのカーボンバンク構想でもカーボンクレジットの対象にするような準備が進んでいる。

　日本では、すでに森林吸収源については森林クレジットとして認めて活用してきたが、農地・土壌貯留についてはこれからの状況であり、最近バイオ炭の農地施用（貯留）がカーボンクレジットとして認められるようになった（Jクレジット制度、2020年）。不耕起・保全・再生農業については未定だが、さらには海洋に面した水産大国という点では、海藻類による炭素貯留機能もあることから（ブルーカーボン）、潜在的な可能性として期待されている。国際的な制度の整備については今後の協議次第なのだが、すでに世界的には民間で先を見越した先行的動きが活発化している。一例を挙げれば、米マイクロソフト社は6,000万ヘクタール（日本の国土の1.6倍）の農地活用を見込む事業に取り組みだしている。

　従来、排出分を帳消しにする方法としてはCCS（二酸化炭素回収貯留）が検討され、油田や天然ガスの採掘跡への地中貯留などが研究されてきたが、上記の先駆的動きのように将来的には農・林地の活用が浮上してくるものと思われる。しかし従来的な流れでは、炭素貯留のための手段とだけで独り歩きするような恐れも心配される。つまり、受け身の立場ではなく積極的に第1次産業の組み立て直しとして、その可能性を広げる全体ビジョンを農業サイドから早急に描く必要がある。

　日本では、「ソサエティー5.0」（内閣府）というビジョンのもとに、ポスト情報化とデジタル経済を見越したイノベーションへの期待を高めている。農水省のみどり戦略も、実のところ同じ土俵に乗った上でのビジョン提示に位置づけられるのである。そこでの特徴としては、やはり技術革新や各種イノベーションへの過度な期待に重きが置かれている点である。繰り返しになるが、現状認識と将来展望に関しては、既に述べた文明転換的な視点から第1次産業が潜在的に有する可能性を深く掘り下げ、土台の再構築から未来を見通すような展望

と構想力こそが求められているのではないか。

## 5．みどり戦略をふみ出て、自然資本大国・日本ビジョンへ

　農水省という縦割り行政の限界もあるのだが、みどり戦略の基礎には、先に触れた英国のダスグプタ・レビューのような理論的基盤を踏まえた展望を期待したい。諸活動の基礎にある自然資本を、これからの日本社会が発展していく基盤として捉え直し、潜在している諸資本に光を当て再構築していくようなビジョン提示こそが求められているのである。筆者自身もまだ模索段階なのだが、イメージ的に思い描く日本社会が進むべき将来への期待と想いについて、以下に列記して本稿をしめ括ることにしたい。

　農林分野は従来の食糧や木材生産にとどまらず、環境面での潜在的可能性として脱炭素社会や自然循環・共生社会の要として存在感を現しつつある。環境と言ってもそこでは単に炭素貯留などモノカルチャー的役割におとしめられないように、多様性の価値を様々に大きく開花させていかねばならない。まず存在価値のレベルでは、生物多様性の宝庫として中山間地（里山）と海域（里海）を含む弧状列島の生態系の豊かさを自然資本大国として再認識しておきたい。かつての「文明の生態史観」（梅棹1967）で提示された独自の文明観や海洋史観（川勝1997）などを参考にして、あらためて北東アジアの弧状文化圏域を新たにイメージ化できないだろうか。内容は異なるが、ちょうど欧州で独自の社会文化圏を先導してきた北欧（スカンジナビア）のような存在感を形成するイメージである。

　現状打破という意味においては、将来世界はEU諸国のような国家連帯・連合的領域を広げていく方向性であり、環境と平和を組み合わせた各種共通（協働）政策の重要性を広域に展開していく方向性が重要である。形は変わるがある種EU的な姿の将来展開であり、北東アジアそして東アジア圏にて広域連携する戦略的ビジョンの模索である。その際には、今あるASEAN（東南アジア諸国連合）との連携も契機としつつ、APEC、RCEP、TPPのような多国間枠組み、ADB（アジア開発銀行）、AIIB（アジアインフラ投資銀行）などの国際開発機関との連携も欠かせない。さらにその先には、国連や各種国際機関の連携強

化によって（SDGs など）、地球市民社会の形成へと進んでいくようなグランド・デザインが想い描けるのではなかろうか。

　自然資本をベースとするビジョンとしては、第1次産業から2次・3次・高次への複層的産業形成として環境産業・社会経済政策（文化・芸術を含む総合政策）が主軸となる。上記の6つの資本の総合的な充実化である。そこでは循環の多種多様な輪の形成とその担い手として、教育・研究のレベルを高めた主体（人的資本）形成が重要であり、各種共同・協働事業体（大小の企業・協同組合・NPO など社会的連帯経済の育成）による多様な働き方や就業・事業・経営体の創出が期待される。

　特に日本は、少子高齢化と人口減少を前提にして、居住様式と仕事場の多様化（一極集中の回避）を進め、福祉制度・健康生活を充実させる持続可能な健康福祉社会をめざすべきである。中長期的には開かれた社会形成として、多文化・多民族を含みこむ多元的共生社会を実現したい。かつて大陸文化から隔たった辺境としての位置にあり、各種多彩な文化が流入して醸成されてきた日本という存在様式を再認識しつつ、将来ビジョンとしての多様性共存大国、自然資本大国としての社会ビジョンが描けるのではなかろうか（古沢2019）。

## 6．グローバル SDGs からローカル SDGs へ

　大風呂敷で大上段に全体ビジョンを想い描いてみたが、実際のところは全国各地の地域ごとでの実践的な積み上げこそが必須不可欠である。SDGs がらみで言えば、グローバル SDGs からローカル SDGs の展開こそが期待されるのである。SDGs は国連の下で世界がめざすべき共通目標であり、実施主体の基本は各国政府である。しかし、市民社会を含む多くの関わりで出来た SDGs 成立の経緯もあって、実施主体は国家のみならず自治体や民間の諸団体・組織、そして個人に至るまで幅広く想定されている。SDGs は上からのトップダウン型ではないアプローチ、あくまでボトムアップ的な展開が期待されているのである。

　その点では、SDGs の達成に向けて農業・食料分野の重要性に焦点を当てた国連食料システムサミット（UNFSS）の開催は、時宜をえた取り組みであった

（2021年9月23～24、国連本部でオンライン開催）。新型コロナ（COVID-19）パンデミックによりSDGsの目標達成が困難になるなか、食料システムが抱える諸矛盾の克服を持続可能な社会形成の重点領域と位置づけて行われたのである。

　SDGsを意識した上での取り組むべき5つの行動課題（アクショントラック）としては、①全ての人々に安全で栄養価の高い食料へのアクセスの確保（飢餓の撲滅、食料の安全保障）、②持続可能な消費パターンへの移行（健康で持続可能な食生活への関心の喚起、食品ロス削減、サーキュラーエコノミーなど）、③自然を害さない調和した適正な生産の促進（土壌・水・生態系保全、適正・小規模な生産とバリューチェーンなど）、④公平な生活と価値の分配（貧困撲滅）の促進（フードシステム全てにおける公正な制度と参画、適正な雇用と仕事の創出、ローカリゼーションなど）、⑤フードシステムの強靭化（気候危機、自然災害その他各種脆弱性に対応できる持続可能な食料システムの強化）が掲げられた。そして、本サミット（9月）とプレサミット（7月）に向けての諸段階で、食料システムに関係する多様なステークホルダー（関係者）として各種生産者組織、女性、先住民、若者たちの提案を反映するプロセスが世界各国において取り組まれたのだった。内容的には、食品産業（企業）重視に傾斜しすぎたとの批判があるものの、私たちの身近な食料システムの立て直しから社会変革を目指した動きとしては、きわめて今日的課題への挑戦的試みだったと思われる（古沢2021c）。

　今後は、UNFSSに象徴されるような、さまざまな動きがSDGsに関連する多くの分野で重層的に展開されていくことだろう。大きな流れとしては、全体をカバーする国連のSDGsがあり、そして国際環境条約の枠組みにおいて、脱炭素社会（カーボンニュートラル）や自然共生社会などが目指されて、持続可能な社会形成が主流化していくものと思われる。各国や諸地域において、サステナビリティ（持続可能性）が模索されていくわけだが、世界レベル、国のレベルでの動向を大きく左右するのが実はローカルな地域での展開であり、まさしく社会の変革に向かうための鍵を握っている。

　日本では、SDGsの推進役として内閣官房にSDGs推進本部が設置されて（2016年）、多くの政策がSDGsに関連付けられるようになった。そして、内閣府地方創生推進事務局に自治体SDGs推進評価・調査検討会が設置され（2018年）、

優れた取り組みを推進する都市・地域を SDGs 未来都市として全国各地で選定するとともに、地方創生 SDGs 官民連携プラットフォームが創設されている。現状を見るかぎり、ローカルと言っても自治体ベースでの取り組みが目立つのだが、地域の担い手では農業セクターの取り組みとして JA など協同組合の活動も期待されている。2020年には JA ふくしま未来が、先進事例として表彰される SDGs アワードのパートナーシップ賞（特別賞）を受賞した。

　すでに生協は SDGs アワードではパルシステム（2017年）と日本生協連（2018年）が受賞している。賞というのは氷山の一角の現れであり、その陰には多種多彩な地域の草の根レベルの取り組みがある。全国各地の各種協同組合は SDGs への取り組みとして優良事例を積み上げはじめていることは注目したい。企業活動の社会貢献への期待が高まるなかで、いわゆる社会的企業や社会的連帯経済、そして協同組合セクターという存在が改めて見直されつつある。今後は、持続可能な社会を形成する担い手についても、第 1 次産業を再構築していくさまざまな主体形成としてそれらの可能性に光が当てられていくことだろう。

## 参考文献

宇沢弘文（2000）『社会的共通資本』岩波書店（新書）

梅棹忠夫（1967）『文明の生態史観』中央公論社

川勝平太（1997）『文明の海洋史観』中央公論新社

クラウス・シュワブ、ティエリ・マルレ（2020）（前濱暁子訳監修）『グレート・リセット　ダボス会議で語られるアフターコロナの世界』日経ナショナルジオグラフィック社。

倉坂秀史（2021）『持続可能性の経済理論—SDGs 時代と資本基盤主義』東洋経済新報社。

ハーマン・E・デイリー（2005）、新田功・藏本忍・大森正之訳『持続可能な発展の経済学』みすず書房。2005年

藤田香（2017）『SDGs と ESG 時代の生物多様性・自然資本経営』日本経済新聞社

古沢広祐（2020）『食・農・環境と SDGs　—持続可能な社会のトータルビジョン』農山漁村文化協会

古沢広祐（2021a）「アフターコロナ時代の農業・農村の展望—基本計画では不十分なコロナ禍・SDGs 対応の農政」『日本農業年報66　新基本計画はコロナの時代を見据えているか』農林統計協会

古沢広祐（2021b）「自然資本主義への転換—これからの食・農・環境政策」『農業と経済』2021年夏号（87巻 5 号）、97-107頁、英明企画編集

古沢広祐（2021c）「国連フードシステムサミット（UNFSS）と地域圏フードシステムの構築」『農業と経済』2021年秋号（87巻 6 号）、229-238頁、英明企画編集

ポール・ホーケン, エイモリー・B. ロヴィンズ（2001）、佐和隆光監訳『自然資本の経済』
日本経済新聞社
馬奈木俊介／地球環境戦略研究機関編（2011）『生物多様性の経済学』昭和堂
リチャード・フロリダ(2011) 仙名紀訳『グレート・リセット　新しい経済と社会は大不
況から生まれる』早川書房

## 参考ウェブサイト

・自然資本プロトコルについて（CI）
https://www.conservation.org/japan/initiatives/natural-capital/natural-capital-protocol
・生物多様性関連の取り組み（環境省）
https://www.biodic.go.jp/biodiversity/activity/index.html
・WWF ジャパン、ダスグプタ教授が示す「生物多様性の経済学：ダスグプタレビュー」
３つのポイント（要約版和訳、原文リンク掲載）https://www.wwf.or.jp/activities/
lib/4661.html
・農都会議 バイオマス WG「カーボン貯留と J‐クレジット」勉強会（2021年１月25日）
報告（農都会議）https://blog.canpan.info/bioenergy/archive/337
・野崎由紀子（2021）「潜在的な CO2吸収源として注目される農地——欧米で進む農地
の炭素貯留とカーボンクレジットの動向——」三井物産戦略研究所レポート、2021年４
月15日　https://www.mitsui.com/mgssi/ja/report/detail/__icsFiles/
afieldfile/2021/04/15/2104i_nozaki.pdf
・UNFSS に関する国連サイト　https://www.un.org/en/food-systems-summit
・UNFSS に関する農水省のサイト
https://www.maff.go.jp/j/kokusai/kokusei/kanren_sesaku/FAO/fss.html
・古沢広祐「アフターコロナ（AC）が開く新たな世界は可能か？『グローカル』な世界
システム変革の行方」日本平和学会、平和フォーラム、2021年２月14日
https://drive.google.com/file/d/1G-FHw8gbGZ8VBHNzSFPBFCZ2VDC6Zer1/view
・古沢広祐「知ってた？ これがホントのダイバーシティ」YOMIURI BRAND STUDIO、
2019年　　https://ybs.yomiuri.co.jp/tgmp/diversity/japan/

〔2021年11月22日　記〕

# 第7章　日本生協連「責任ある調達基本方針」と みどり戦略

大 西 伸 一

## 1．日本生協連「責任ある調達基本方針」について
### （1）生活協同組合（生協）と日本生活協同組合連合会（日本生協連）について

　生活協同組合（生協）とは、「消費生活協同組合法（略称：生協法）」に基づいて設立される、農業協同組合（農協）や漁業協同組合（漁協）などと同じ協同組合の1つである。

　略称としてよく使われるコープ（CO・OP）は、協同組合を表す英語のコーペラティブ（CO-OPERATIVE）からきており、営利を目的とせず、商品の利用を通じて心豊かなくらし、安心して暮らせる地域社会を実現することに共感した消費者が出資金を拠出し設立された組合である。そのような成り立ちもあり、コープ（CO・OP）商品の開発や産地（生産者）との交流をはじめ植林活動やヒバクシャ国際署名、ユニセフ募金、大型災害時のボランティア活動など様々な取り組みを展開しているのが他の協同組合にない大きな特徴である。

　2021年3月現在で日本全国に550の生協があり、その組合員総数は約2,996万人、全世帯の約38％が生協組合員ということになる。また、地域生協の総事業高は約3兆638億円に達しており、名実ともに日本最大の消費者組織である。ちなみに2020年度の食料品の事業高は約2兆5,000億円で米を含む農産品の事業高は約3,700億円程度である。

　日本生活協同組合連合会（略称：日本生協連）は、全国の生協から集まった出資金をもとに設立、運営されている中央会組織である。独自開発したコープ（CO・OP）商品やカタログ・通販商品を全国の生協へ供給（販売）することを

柱にした事業を展開しており2020年度の供給実績は4,397億円となっている。なお、日本生協連と会員生協は、それぞれが独立した法人として事業・経営を行っている。

## （2）日本生協連　CO・OP商品「責任ある調達基本方針」について

　日本生協連は、2018年6月に開催された、第68回通常総会にて「コープSDGs行動宣言」を採択した。誰一人取り残さないというSDGsの目指すものは、協同組合の理念と共通しており、生協もその一端を担うべく、その実現に貢献することを約束する行動宣言である（https：//jccu.coop/info/up_files/release_180615_01_02.pdf）。

　この宣言に則り、日本生協連が開発、供給するCO・OP商品やその原材料調達の考え方をまとめた上で2021年5月、「日本生協連　CO・OP商品『責任ある調達基本方針』」を策定・公表した。

　CO・OP商品や原料・資材の調達においてグローバル化が進む中、サプライチェーン全体を俯瞰し、人権や環境に配慮した「責任ある調達」を構築することが、「誰一人取り残さない」SDGs実現のための重要な施策であるという考えに基づき方針を定めたものある。

　基本方針の骨子は以下6点。

---

1．商品のサプライチェーンにおける社会的責任（CSR）課題への対応
2．環境配慮、人権尊重等に配慮して生産された農林水産物や、それらを原料とした取り扱い拡大
3．生産者やNGOなどとの協力関係構築と持続可能な生産体制の維持・向上
4．プラスチック・紙の問題への対応
5．食品ロスの削減
6．課題・進捗状況の共有化と社会的発信

---

　また、分野別の調達方針の項では、農産物について、以下4点の方針を掲げている。

---

1．生態系と生物多様性が保全された、自然と共生する持続可能な社会に向けて、環境や人と社会に配慮した農産物の利用を広げ、豊かな食と地域のつながりをつくることを目指します。

2．持続可能な農業を応援するために、以下の取り組みを進めます。
　・適正農業規範（GAP）の導入支援
　・農薬や化学肥料の使用節減に努めた農産物の取り扱い拡大
　・有機栽培農産物やレインフォレスト・アライアンス認証品の取り扱い拡大
　・フェアトレード商品を通じた生産者の持続的な生産基盤の確保と生活向上支援

3．国内の生産者への支援や提携、産地との取り組みにより、国内農産物の商品化と利用を進めるとともに、日本の農業を持続可能にすることに貢献します。

4．日本生協連の海外農産物事業においては、産地とのつながりを大切にしながら、トレーサビリティの構築や、生態系や生物多様性の保全に向けた課題について、ステークホルダーとの協働で進めます。

---

　以上のように、CO・OP商品「責任ある調達基本方針」は、環境配慮や人権尊重を重視し、サプライチェーン全体、特に川上へのアプローチを強めるとともに、SDGsの土台となる「自然資本」の価値を適切に評価し、影響の最小化による自然共生社会の実現を目指している。また日本生協連はSDGs12「つくる責任、つかう責任」の立場からコロナ禍で大きく変化した消費行動やくらしのありかたを見据えた商品開発を行っていく使命がある。2015年以降、日本生協連では日本農畜水産応援というコンセプトで国産素材商品や産地指定商品を積極的に開発しており2020年度シリーズ全体で1,026品目、865億円の実績を挙げるまでに成長した。一方で生産量が限定され販売価格が割高となる有機

JAS商品は160品目28億円にとどまっており、このシリーズの品揃え強化と量的拡大が大きな課題である。その意味からも「みどりの食料システム戦略」は、明確なKPIを明示したうえで、持続可能な食料・農業システムの構築を目指すとしており、組合員の支持が高い国産素材を使った商品や有機JAS商品を開発し安定供給する立場からは前向きに評価したい。

### （3）生協産直の取り組みについて

　ここで、生協が長年取り組んできた「産直」について、簡単に触れておきたい。多くの地域生協では、産直の取り組みを通じて、生産者・生協組合員とともに、持続可能な生産、環境に配慮した事業を推進している。生協産直は、1970年代より安全・安心な食品を求める生協組合員と、安全・安心な農産物の生産を志す生産者が結びつくことによってスタートした。生協と生産者の取り組みが進む中、食品安全や農薬管理をめぐる社会制度が整備され、「食の安全・安心」は課題を残しつつも社会的に大きく前進し、生協産直がその先駆的な役割を果たしてきたと言える。

　一方、現在、食と農をめぐる課題は、その持続可能性が最大の課題と言え、生協産直も「持続可能な食と農畜水産業・地域」の実現に向けてどう取り組むのかが、論議の中心に据えられている。

　生協産直は、環境保全型農業への支援、地産地消や国産自給飼料、飼料用米の活用、新規就農者や若手生産者への支援、地域ネットワークづくり、食育やエシカル消費の取り組みなど、持続可能な食と農畜水産業・地域につながる活動へと領域を広げている。

　次章では、生協が生産者とともに取り組んできた、さまざまな取り組みや見えてきた課題、CO・OP商品「責任ある調達基本方針」の目指すところも踏まえ、本題である「みどりの食料システム戦略」について考えてみたい。

## ２．みどりの食料システム戦略にどう向き合うのか
### （1）食の安全を目指した生協産直

　前述したように、生協産直[1]は、農薬と化学肥料に依存した農業に疑問を

持つ生産者と、安全な食品を求める消費者がつながることによってスタートした。市場出荷による価格形成への不信感、農薬の多投につながる市場向け規格への疑問、農薬事故への不安などから、農薬と化学肥料を減らす生産を志す生産者がいた。一方、店舗を持たない共同購入方式で事業を拡大しはじめていた生協は、市場からの調達ルートを持たず、当時、社会問題にもなっていた農薬の使用を減らした農畜産物の調達先を探していた。そうした生産者や一部の農協組織が、消費者や生協と出会い、産直が始まり、双方の交流によって、新しい生産方式と規格づくりに取り組み、発展していくという「産直物語」は、多くの生産者組織、生協の中で語り継がれており、この時代が生み出した新しい流通の流れを形象している。

　では、生協産直において、消費者が求めるものと、生産者が求めるものが一致していたのかと言えばそうではなく、農薬問題においてもアプローチが異なる。生産者にとって農薬問題は、一義的には生産環境の問題であり、自らの健康問題である。一方、消費者にとっては、食の安全の問題、そのものである。問題への接近方法は異なっても、取り組む方向は一致しているという、双方にとって幸せな時代であったといえる。

## （2）持続可能な農業を目指す生協産直と消費者意識

　1990年代以降、農薬の安全性に関する行政や業界の取り組みが進み、環境保全型農業や有機農業が農政の中に位置づけられてくると、生協産直のあり方も新たな段階に入ることになった。生協が指定した有害性の高い特定の農薬を使用しないことが産直の基準であった時代から、2000年代、生協版適正農業規範[2]やGAPなどによって良い農場管理、コンプライアンスの遵守などを求める時代に移行したのである。相次ぐ食品偽装事件などを受け、2004年、日本生協連・産直事業委員会は青果物の品質保証システムの構築[3]を呼びかけ、2006年、生協版適正農業規範の運用を開始した。

　生協産直は「食の安全」を目的に発展してきた。この時代の転換を受けて、生協産直は何を目指すのか、あらためて問われることになった。2019年、日本生協連・産直事業委員会は、生協産直が取り組んできた環境保全型農業や地域

図7－1　生協産直が実現している特徴・メリットと、生協産直において今後重視したいこと・重視してほしいこと

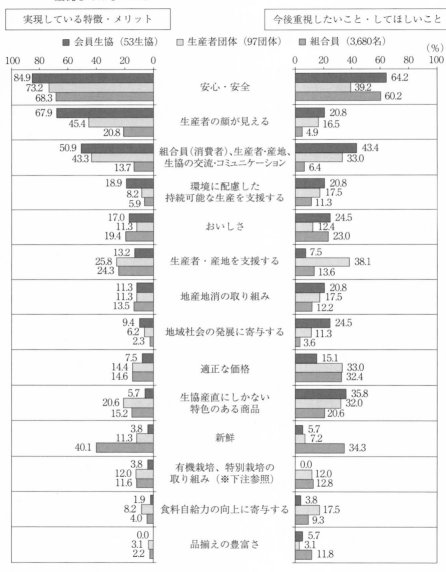

| 実現している特徴・メリット | | 今後重視したいこと・してほしいこと |
|---|---|---|

■ 会員生協（53生協）　□ 生産者団体（97団体）　▨ 組合員（3,680名）　（%）

| 項目 | 実現している（会員生協 / 生産者団体 / 組合員） | 今後重視（会員生協 / 生産者団体 / 組合員） |
|---|---|---|
| 安心・安全 | 84.9 / 73.2 / 68.3 | 64.2 / 39.2 / 60.2 |
| 生産者の顔が見える | 67.9 / 45.4 / 20.8 | 20.8 / 16.5 / 4.9 |
| 組合員（消費者）、生産者・産地、生協の交流・コミュニケーション | 50.9 / 43.3 / 13.7 | 43.4 / 33.0 / 6.4 |
| 環境に配慮した持続可能な生産を支援する | 18.9 / 8.2 / 5.9 | 20.8 / 17.5 / 11.3 |
| おいしさ | 17.0 / 11.3 / 19.4 | 24.5 / 12.4 / 23.0 |
| 生産者・産地を支援する | 13.2 / 25.8 / 24.3 | 7.5 / 38.1 / 13.6 |
| 地産地消の取り組み | 11.3 / 11.3 / 13.5 | 20.8 / 17.5 / 12.2 |
| 地域社会の発展に寄与する | 9.4 / 6.2 / 2.3 | 24.5 / 11.3 / 3.6 |
| 適正な価格 | 7.5 / 14.4 / 14.6 | 15.1 / 33.0 / 32.4 |
| 生協産直にしかない特色のある商品 | 5.7 / 20.6 / 15.2 | 35.8 / 32.0 / 20.6 |
| 新鮮 | 3.8 / 11.3 / 40.1 | 5.7 / 7.2 / 34.3 |
| 有機栽培、特別栽培の取り組み（※下注参照） | 3.8 / 12.0 / 11.6 | 0.0 / 12.0 / 12.8 |
| 食料自給力の向上に寄与する | 1.9 / 8.2 / 4.0 | 3.8 / 17.5 / 9.3 |
| 品揃えの豊富さ | 0.0 / 3.1 / 2.2 | 5.7 / 3.1 / 11.8 |

での様々な活動を踏まえ、「食の安全・安心」とともに「持続可能な食と農畜水産業・地域」を目指すことを生協産直の目的としてあらためて定義することを提起[4]した。

　この生協産直の理念的な転換の提起は、必ずしも消費者である生協組合員の意識と整合しているわけではない。多くの組合員の関心は「食の安全・安心」に注がれている。図7−1は、「生協産直が実現している特徴・メリットと、生協産直において今後重視したいこと・重視してほしいこと」について、生協・生産者団体・生協組合員の回答を比較したものである[5]。とりわけ生協組合員において、「安心・安全」への要望が高く、持続可能な生産や地域社会の発展、有機・特別栽培への関心は高くない（図7−1）。

　これは生協組合員に限定しない消費者への調査でも同様の結果となっている（図7−2）。

図7−2　有機・特別栽培の農産物を購入する理由（「日常的に購入している」「時々購入している」と回答した方／複数回答3つまで）

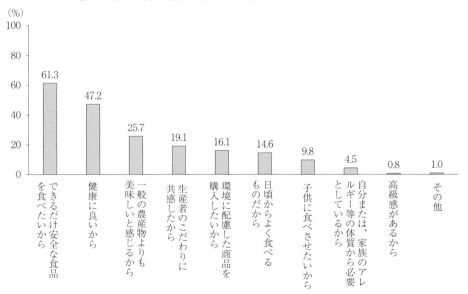

資料：「消費者動向調査（2021年7月）」日本政策金融公庫

## （3）みどり戦略が持続可能な食料システムの実現に貢献するために

　こうした現状を踏まえれば、みどりの食料システム戦略の目指すものが、持続的な食料システムやカーボンニュートラルの実現を目指すものであっても、消費者に受け止められるものは、食の安全・安心としての有機農産物ということになってしまう可能性が高い。有機農業を拡大するためには、消費者の理解と行動変容が必要だと言われている。そのために、有機農業を推進する側には、食の安全を強調したくなる誘因は強い。価格的に割高にならざるを得ない有機農産物の販売に際して、食の安全性を強調することは、販売戦略として有効であることは間違いないが、あえて消費者の誤解を誘因することになりかねない。また有機農産物ありきとなり、それが他の栽培方法や新しい技術の否定につながると、多様な持続的な生産の取り組みを阻害する要因になることが危惧される。

図7－3　不安に感じる社会問題

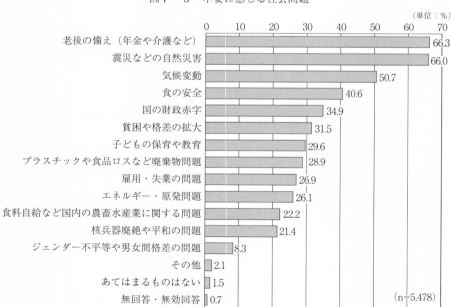

資料：全国生協組合員意識調査報告書、日本生協連2021

　生協組合員を対象にした調査結果では、不安に感じる社会問題として、震災などの自然災害や気候変動が、食の安全を抑えトップ3に入っており（図7-3）、消費者の問題意識は変わってきていることがうかがえる。こうした問題意識に、みどりの食料システム戦略が正面から向き合うことが、消費者の行動が変わっていく一助になるのではないだろうか。

　一方、少子高齢化社会の進行による人口減少に加えコロナ禍が所得格差を加速させており、より安いものを選択する、選択せざる得ない傾向はますます強まっていくことが想定される。生協には、そうした消費者・組合員の暮らしを支える取り組みが求められている。持続的な農業と消費者の暮らしをどう繋いでいくのか、生協の事業・流通事業者の課題は大きい。

## 注

1）「産直」という言葉は多様に使用されているため、ここでは生協と生産者組織が、価格・規格等を取り決めた取り引きについて「生協産直」と記載する。「生協産直」の定義は、それぞれの生協において、産直三原則・産直5基準などが定められている。
2）「生協産直品質保証システムの取り組み」https：//jccu.coop/activity/sanchoku/approach.html
3）日本生協連　産直調査小委員会「生協農産事業・産直事業の新たな発展のために」『第6回全国生協産直調査報告書～たしかな商品を届ける生協農産産直～』日本生活協同組合連合会2004
4）日本生協連　産直調査小委員会「生協産直の新たな未来をつくるために」『第10回全国生協産直調査報告書』日本生活協同組合連合会2019
5）「アンケート調査1　会員生協調査報告書」『第10回全国生協産直調査報告書』日本生活協同組合連合会2019

〔2021年11月4日　記〕

第Ⅲ部　みどり戦略はどこまで「農業政策のグリーン化」に踏み込んでいるのか

# 第8章　EU の F2F にみる「みどり戦略」との相違と示唆

平　澤　明　彦

## 1．はじめに

　世界的に気候変動や生物多様性など、環境問題の議論が高まったことが「みどりの食料システム戦略」（以下、みどり戦略）が策定された背景となっている。農業政策に環境対策を組み込む動きを先導しているのは欧州であり、EU は特に大きな影響力がある。英国やスイスと比べれば最も先進的とは言えないとしても、その経済規模や外交力により国際的な影響は大きい。日本にとってもEU の「ファームトゥフォーク戦略」（F2F）は主要な先行例の１つであり、みどり戦略でも言及されている。

　F2F とみどり戦略はいずれも食料システムの環境・気候対策であり、課題や対策には多くの共通点がある。その一方で、考え方や枠組みから施策まで大きな違いもある。たとえば、みどり戦略では F2F のことを「経済と環境をイノベーションで両立させる」例として挙げているが、F2F 自体の文脈からすればそれは主要な論点ではない。

　そこで本稿では２つの戦略の具体的な相違点を整理し、みどり戦略の特徴と課題について考えてみたい。

　その前提として、みどり戦略自体の解説は本号の他の各章でなされている。また、EU の動向については前号（平澤2021b）で概要を紹介したところである。すなわち EU は包括的な気候・環境戦略である「欧州グリーンディール」（EGD）

と、その分野別戦略である F2F や「EU2030年生物多様性戦略」(BDS) によって、農業に対する各種要請を打ち出した。EU には加盟国の農政に共通の大枠を定める共通農業政策 (CAP) があり、2023年から2027年の政策を定める次期CAP 改革はそうした要請への対応が求められている[1]。

　そのため以下では EU と日本の戦略に関する全般的な説明や、みどり戦略の詳細に立ち入ることは避け、両戦略の相違が顕著と思われる側面に分析対象を絞りつつ、F2F や EGD の枠組みと農業への要請、および CAP の対応について、やや詳細に整理する。また、政策部門をまたぐステークホルダーの多様化の観点から、環境部門からの意見反映の経路となった欧州議会の動きについても紹介する。

　なお、次期 CAP 改革法制は2021年 6 月に政治合意に至り、同年12月 2 日に成立した。そのため以下ではこの改革を2021年 CAP 改革と呼ぶ。今や審議により CAP に加えられた EGD や F2F への対応策を確認することができる[2]。

## 2．EU と日本の特徴

　まず F2F とみどり戦略について、主に両者の相違を示す観点から特徴を整理した (表 8 - 1)。2 つの戦略は対象こそほぼ同じフードシステム (食料システム) であるものの、その目的、実現手段、管轄、政策分野の範囲、農業政策の検討主体、目標年次といった点でかなりの違いがある。その多くは以下に述べるように日本農業の置かれた情勢や、EGD や F2F の枠組み、EU の制度といった要因からきている。

　みどり戦略の大きな特徴の 1 つは、生産力の重視である。F2F が目指すのは公正・健康・環境への配慮の強化であるのに対して、みどり戦略のそれは生産力向上と持続性の「両立」である。みどり戦略は、持続可能性の課題として、第 1 に生産者の減少と地域コミュニティの衰退に対処するための生産力強化を挙げている。F2F がおもに環境面の持続可能性に重点を置いているのに対して、みどり戦略はそれと並んで、日本の農林水産業の現状に照らして経済・社会面の持続可能性も重視しており、生産力向上を前提としながら持続性の向上を目指す二段構えとなっている。

表 8 - 1　F2F とみどり戦略の対比

|  | F2F | みどり戦略 |
|---|---|---|
| 対象 | フードシステム | 食料システム（ただし林業を含む） |
| 目的 | 公正・健康・環境への配慮の強化 | 生産力向上と持続性の両立 |
| 実現手段 | CAP や各種制度が中心(規制・計画・助成など) | 行動変容とイノベーション |
| 管轄（立案） | 健康・食品安全総局（環境総局、気候総局も参画） | 農水省 |
| 政策の範囲 | 部門横断（健康・食品安全、環境、気候変動、農業の各総局） | 農水省 |
| 農政の検討主体 | EU3機関 | 農水省（法案化の場合は国会も） |
| 目標年次 | 2030年 | 2050年 |
| 計画・工程表 | 実行計画（2024年までに集中） | 工程表（2050年、一部は2025年頃までの詳細版あり） |

出所：筆者作成

　そうしたみどり戦略の目的を実現するための鍵は、食料システム全体にわたる関係者の行動変容であり、官民によるイノベーション（おもに技術開発）がそれを後押しするという位置づけである。本文は技術開発に関する記述が多くを占め、付属する数十頁の工程表等も技術の開発と普及に関するものである。この技術開発重視は一見して明らかであり、みどり戦略のもう1つの大きな特徴となっている。それに対して F2F の提示する手段は後で具体例を示すとおり、主に CAP による誘導や、規制・計画といった政策介入であり、みどり戦略とは対照的である。

　戦略等の策定主体からみた大きな違いは、みどり戦略は農水省が管轄しているのに対して、F2F は①政策分野が広範にわたり部門横断的であることや、②欧州委員会の健康・食品安全総局が管轄しており、環境総局や気候総局も関与して農業部門の外で策定されていること、そして、そのために③ CAP の対応は別途 CAP 改革の中で検討され、かつそこには EU の主要3機関が関わっていることが挙げられる。EGD は EU の行政機関である欧州委員会の最大の政策であり、多くの部門にまたがっている。その分野別戦略である F2F も同様の性格を有し、関連政策分野の農業に対するニーズを明確にして CAP に反映させる機会を提供している。一方、農業部門にとっては外から課題を与えら

れる形となり、その受け止め方が問題となる。

　そして最後に、目標年次の相違がある。F2Fは2030年、みどり戦略は2050年なので、前者の期間は約10年間、後者の期間は約30年間であり、3倍の差がある。F2Fに限らず、EGDは全体の目標年次が2030年となっている。2030年には、2050年のGHGゼロ排出に向けた中間目標や、10年ごとの生物多様性戦略や成長戦略といった節目が同期している。また、現行欧州委員会の任期に合わせて、F2Fの行動計画は2024年までであり、特に2021年末から2023年に集中している。それに対して、みどり戦略は新技術の開発に長い時間を要するため、2040年までに開発し、2050年までに社会実装して農林水産業のゼロ排出を実現するとしている。

## 3．EUにみる総合的な対策

　みどり戦略は技術開発・普及に力点があり、それ以外の新たな施策は方向性のみが示され、具体化を先送りする形となっている。また、施策には新技術の普及を支援する役割が強調されている。今後他にあり得べき施策を検討する上で、先行するF2FやCAP改革の施策は参考になると思われる。

### （1）各種環境戦略の動向

　F2Fのアプローチは総合的であり、技術開発以外の様々な要素を有している。また、政策分野横断的であり、農業以外の政策が多く関わっている。まずはF2Fの母体となっているEGDの内容からみていこう。

#### ① CAPに対するEGDの期待事項

　EGDは、農業者による気候変動対策・環境保護・生物多様性の保全を支援する主要な手段としてCAPを位置付けている。EGDのCAPに対する具体的な要請は、2021年CAP改革で導入される施策の活用が中心である。加盟各国が立案する「CAP戦略計画」にEGDとF2Fの目標を十分反映させ、持続可能な取り組み（精密農業、有機農業、生態学的農業（アグロエコロジー）、アグロフォレストリー、動物福祉など）を誘導し、新たな直接支払い制度である「エコスキ

ーム」などにより環境・気候対策や養分管理を行う農業者に報酬を与える。化学農薬・肥料・抗生物質は削減する方針であり、CAP戦略計画に反映するとともに、立法等の措置を検討する。また、有機農業の面積を拡大する。新技術も期待されており、革新的防除法の開発や、持続可能性を改善する革新的技術の潜在的可能性を考慮するとされている点はみどり戦略と類似している。

### ② F2F/BDSの数値目標と達成手段

　F2FはこうしたEGDの方針に沿ったフードシステムの戦略である。例えば、農薬・養分損失（肥料）・抗微生物剤の削減と、有機農業の面積拡大については具体的な数値目標を掲げている。

　F2Fはこれらの達成目標を実現するための方策を明記している（表8－2）。各目標に対応する施策は、法制の改正や実施、行動計画、新技術の促進、リス

表8－2　F2FおよびBDSの数値目標と方策

| 達成目標 | 戦略 | 方策 |
|---|---|---|
| 化学合成農薬の使用・リスクおよび高有害性農薬の使用50％削減 | F2F，BDS | ・農薬持続可能使用指令の改正、総合的病害虫管理（IPM）の規定強化<br>・CAPによる農法の移行促進、普及サービス<br>・生物学的活性物質を含む農薬を促進、農薬環境リスク評価、統計拡充 |
| 窒素・リン等養分損失50％以上、肥料使用20％以上削減 | F2F，BDS | ・関連する環境・気候法制の全面的施行・実施<br>・統合養分管理行動計画を策定<br>・CAPによる促進：精密施肥、持続可能な農法、有機質廃棄物の肥料化 |
| 抗微生物剤の畜産・水産養殖向け販売を50％削減 | F2F | ・動物用医薬品規則（2019/6） |
| 有機農業をEU農地の25％以上に拡大（2018年実績は8％） | F2F，BDS | ・CAPによる促進：エコスキーム、投資助成、普及サービス<br>・有機農業行動計画 |
| 生物多様性の高い景観特性の農地を10％以上に（2015/18年4.6％） | BDS | ・CAP戦略計画<br>・EU花粉媒介者イニシアチブ |
| 花粉媒介者の減少を逆転させる | BDS | ・CAPの施策と戦略計画<br>・生息地指令（92/43） |
| 小売・消費段階の食品廃棄を半減（一人当たり） | F2F | ・新たな測定方法とデータ収集に基づき、廃棄量と法的拘束力のある削減目標を設定 |

出所：F2FおよびBDSに基づき作成。
注：F2Fの数値目標およびBDSの農業分野の数値目標を掲載。

ク評価、データ整備とさまざまである。そして CAP の役割はそれらの施策を促進することである。なお、抗微生物剤の削減については CAP への言及がなく規制のみが挙げられている。

一方、みどり戦略もこれと類似した目標を有している（ただし目標年次などの違いがある）ものの、達成手段はかなり異なる。化学農薬・化学肥料の削減と有機農業の拡大はいずれも、新技術の開発により目標を達成するとされているのである。

また、BDS はそれに加えて景観特性と花粉媒介者についても目標を掲げているが、やはり同様にそれぞれ独自の施策と CAP を組み合わせている。みどり戦略はこれらと抗微生物剤については目標を設定していない。

### ③ F2F 行動計画の進捗

F2F は27項目の行動計画を有している。内容は構想、計画、法制案、法制見直し等であり、その完了時期は多くが2021年末から2023年に集中している。行動計画のうち、すでに成果等が公表されている主な取り組みを以下に示した（表8－3）。

ここに挙げた例はそれぞれ加盟国への勧告、振興計画、民間の自主的取り組み、組織の設置、規制法制であり、対象分野に応じて様々な政策手段が用いられている。CAP 戦略計画への勧告は各国の計画に EGD を反映させる狙いがある。有機農業の行動計画は、需要・生産・加工・技術的改善を含む総合的な振興策である。食品関連産業の行動規範は、企業が自主的に参加し、持続可能性の目標設定と監視・評価の枠組みを設定する。食料供給・食料安全保障を確保するための緊急時対応計画は、コロナ禍によるサプライチェーンの混乱の経験や、異常気象に対する懸念の高まりを反映したものであり、常設の専門家グループを設置して現状把握と対策を検討する。抗微生物剤の使用制限は、法制の改正によって畜産に使える薬剤の種類や治療以外の用途を制限し、販売量と使用のデータを整備する。

表 8 - 3　F2F 行動計画の主な取り組み

| |
|---|
| 2020年12月公表　CAP 戦略計画立案への勧告 |
| ・加盟各国に対し EGD、F2F、BDS に対応する内容となるよう要請 |
| ・各国の実情にあわせて F2F と BDS の数値目標に対応する目標の設定を勧告 |
| 2021年 4 月公表　「有機生産振興行動計画」 |
| ・需要喚起（ロゴ、販売促進、公共調達、学校配布、信頼性確保） |
| ・生産と加工の強化（有機生産奨励、部門分析、組織化、地場消費） |
| ・持続可能性（気候・環境、遺伝的多様性・収量、防除、動物福祉、資源効率） |
| 2021年 7 月開始　「責任ある食品事業とマーケティング実践のための EU 行動規範」 |
| ・自主的に持続可能性を高めるための 7 つの目標と監視・評価枠組み（食生活、食品ロス、気候変動、資源循環、雇用、協力、調達） |
| ・川上から川下まで36の団体と企業59社が参加（2021年11月16日時点） |
| ・F2F によれば、進展が不十分なら立法措置を検討 |
| 2021年11月公表　「食料供給・食料安全保障を確保するための緊急時対応計画」 |
| ・常設の専門家グループ（欧州食料安全保障危機準備・対応メカニズム）を設置（2022年） |
| ・民間部門組織の担当者ネットワーク |
| ・リスクと脆弱性のマッピング、ダッシュボード開発、各種対策の検討 |
| 2022年 1 月28日から適用　抗微生物剤の使用制限（動物用医薬品規則 2019/ 6 ） |
| ・人間用に限る抗微生物剤および成長促進・増産目的の使用を禁止、輸入にも適用 |
| ・抗微生物剤の日常的使用の禁止、予防的使用の制限（リスクが高い場合に限り個々の動物にのみ投与） |
| ・販売量と使用のデータ整備（規則2021/578による改正で拡充、義務化） |

## （2）CAP の対応

　2021年 CAP 改革の予算の40％以上は、気候対策に貢献する施策に用いることが欧州（首脳）理事会で合意されており、また、この予算は実質的に広範な環境対策にも用いることができる（平澤2021b）。

　2021年 CAP 改革の妥結により、その環境・気候対策の内容が定まった。そもそも CAP 改革の関連規則案が提出されてから 1 年半近く後に EGD が、その半年後に F2F と BDS が公表されたのであるが、欧州委員会はそれに応じた新たな規則案を提出しなかった。そのため、F2F 等の要請に対応した CAP 改革規則案の修正は、すべて審議過程でなされた。

　F2F 等に対応する主な修正は 2 種類に分けられる。第 1 は、CAP 戦略計画の策定と評価に関わる規定の変更であり、第 2 は、エコスキームの具体化である。CAP 戦略計画とエコスキームはいずれも前述のとおり EGD で言及された主な施策であり、そのための対応がなされたのである。この 2 つの施策は、2021年改革の当初構想（2017年）で打ち出された主要な要素でもある。

### ① CAP 戦略計画の策定と評価

　2021年CAP改革では加盟国の権限が強化され、直接支払いや農村振興政策[3]における施策の詳細と選択は各国の策定するCAP戦略計画に委ねられる。十分な環境・気候対策がとられるかどうかはこのCAP戦略計画にかかっている。そのため、CAP戦略計画の立案・承認・評価に関する規定が変更され、F2F等への対応を促進するよう方向付けがなされた。

　第1に、評価の軸となるCAP目標にF2F等の関連事項が追加された（表8－4）。すなわち、生物多様性、パリ協定の約束達成、GHGの排出削減と炭素

表 8 - 4　次期 CAP の目標

| 全般的目標（第5条） | 個別的目標（第6条） | |
|---|---|---|
| (a) 長期的な食料安全保障を確保するためにスマートで競争力と回復力のある多様な農業部門を育成すること | a) 長期的な食料安全保障と、農業の多様性を増進するために、EU全域で農業部門の存続可能な農業所得と回復力を支える<u>とともに、EUにおける農業生産の経済的持続可能性を確保すること</u>. | |
| | b) 市場指向を増進し、また研究・技術・デジタル化のさらなる重点化などにより<u>短期的にも長期的にも</u>農業の競争力を向上すること. | |
| | c) バリューチェーン内における農業者の地位を改善すること. | |
| (b) **生物多様性**などの環境<u>保護</u>と気候取組を支援・<u>強化</u>し、**パリ協定における約束**を含むEUの環境・気候関連目標<u>達成</u>に貢献すること | d) **温室効果ガスの排出削減**や**炭素隔離**の強化などにより気候変動の緩和・適応に貢献するとともに、持続可能エネルギーを促進<u>すること</u>. | |
| | e) **化学物質への依存を減らす**ことなどにより、水・土壌・大気など自然資源の持続可能な開発と効率的管理を助長<u>すること</u>. | |
| | f) 生物多様性の損失を食い止めて回復に転じさせることに貢献し、生態系サービスを増進し、**生息地と景観**を保全すること. | |
| (c) 農村地域の社会経済的基盤（socio-economic fabric）を強化すること | g) 若い農業者や新規就農者を惹きつけて<u>維持</u>し、農村地域における<u>持続可能な事業開発を容易にすること</u>. | |
| | h) 農村地域における雇用・成長・農業への女性の参加を含む男女平等・社会的包摂・循環型バイオエコノミーや持続可能な林業などの小地域開発（local development）を促進<u>すること</u>. | |
| | i) 高品質で安全で栄養があり持続可能な<u>方法で</u>生産された食品など、食品・健康に関する社会的な要請に対してEU農業の対応を改善し、**食品廃棄を削減**し、そして動物福祉を改善し**抗微生物耐性に対抗すること**. | |
| <u>個別目標を補完し相互に接続</u>する横断的目標 | 農業<u>と</u>農村地域における知識・革新・デジタル化の促進・共有と、研究・革新・知識交換・訓練へのアクセス改善を通じた農業者の採用促進による農業<u>と</u>農村地域の現代化 | |

出所：CAP戦略計画規則案（第5条および第6条）に基づき作成。全般的目標と個別的目標の対応関係は筆者による。
注：下線部は規則案と妥結版の相違点。<u>波線</u>は追加された要素、<u>直線</u>は表現が強められた箇所。ゴシック体はEGD/F2Fに資する箇所。

隔離、化学物質への依存縮小、抗微生物耐性への対策である。生物多様性については回復に転じさせることが明記された。

　それ以外の要素のうち、農業生産の経済的持続可能性の確保や、知識・革新・デジタル化は、みどり戦略と類似している。ただし、知識・革新・デジタルは横断的目標として全体を促進する役回りであり、技術開発が主要な対策となっているみどり戦略とは位置づけが異なる。

　第2に、立案・承認・評価の際にEGD、F2F、BDSの目標を参照するよう、CAP戦略計画規則の前文（説明項目122-125）で要請している。条文本体にはこれらの環境戦略への言及はないが、立案・承認・評価に関する条項がこの前文に対応している。

　第3に、各種のEU環境・気候法制（12本）にもとづく各国の計画および目標に対してCAP戦略計画が貢献するよう要請している。この規定自体は当初の規則案からあったが、当該法制が改正された場合のCAP戦略計画の見直し検討と、対象法制を必要に応じて追加できるとする規定が追加された。今後、F2F等に基づく政策が進展し、GHG削減対策などの法改正が進めばCAPに影響が及ぶ可能性がある。

　このように対策が講じられたものの、F2F等への十分な対応を担保するものではないと考えられる。上記の第1と第3の修正については、求められる貢献の大きさが定められていない。また、第2の修正はF2FとBDSの数値目標に沿うよう求めているものの、前文にとどまっており実効性が不明である。

## ②エコスキームの具体化

　エコスキームは新設の直接支払いであり、実質的に現行制度のグリーニング支払いを置き換える形となる。当初案では気候と環境に対処する農業者に対して給付されることとなっていたが、動物福祉・抗微生物剤耐性対策も加えられた。また、当初は予算の規模に関する規定がなかったが、直接支払いの25％以上を充てることが定められた。

　7つの対象分野（気候変動緩和・同適応・水・土壌・生物多様性・農薬削減・動物福祉・抗微生物剤耐性）が定められ、F2FやBDSの関心分野が概ね網羅された。

表8－5　エコスキームの具体例

| 種類 | 取り組みの例 |
|---|---|
| 有機農業 | 転換、維持 |
| 総合防除管理 | 緩衝帯、機械除草、耐性品種 |
| 生態学的農業（アグロエコロジー） | マメ科作物輪作、混作、土壌被覆、米メタン削減 |
| 家畜飼養・動物福祉 | 給餌計画、飼養環境改善、衛生予防管理、開けた場所へのアクセス |
| アグロフォレストリー | 景観特性、管理と伐採計画、森林放牧 |
| 自然価値の高い農業 | 生物多様性のための休耕地、半自然生息地、減肥料 |
| 炭素貯留農業(カーボンファーミング) | 不耕起、再湿地化、残渣すき込み、永年草地 |
| 精密農業 | 養分管理、投入削減、灌漑効率向上 |
| 養分管理の改善 | 硝酸塩対策、汚染低減・防止策 |
| 水資源保護 | 水集約度の低い作物、作付日変更、灌漑日程の最適化 |
| その他土壌保全 | 浸食緩衝帯、防風林、テラス栽培・帯状栽培 |
| その他 GHG 排出削減 | 飼料添加物、糞尿管理・貯蔵の改善 |

資料：EC（2021）より抜粋して作成。

　さらに、欧州委員会が提示したエコスキームの具体例（表8－5）には30種類以上の既存の取り組みが挙げられた。その中には EGD が持続可能な取り組みとして挙げた有機農業、アグロエコロジー、アグロフォレストリー、精密農業が含まれている。

　エコスキームもこのように F2F 等に対応できる選択肢を備えたとはいえ、CAP 戦略計画と同様、十分な対応を約束するものではない。既に環境団体が多くの加盟国の草案を確認した結果、これまでのグリーニングに近いものなど、環境・気候対策の水準は低い例が少なくないとの指摘（BirdLife, EEB and WWF 2021）もある。

## 4．欧州議会環境委員会の影響力

　EU における政策の策定には主に欧州委員会、（閣僚）理事会、欧州議会の3つの EU 機関が関与する。F2F は欧州委員会で農業以外の部局が立案し、2021年 CAP 改革の審議では欧州議会で環境委員会の関与が強化された。ここでは主に後者の動きを確認する。

## （1）F2F と欧州委員会の総局

　EU における主要な政策の立案主体は、欧州委員会である。その構成は一国の大臣と省庁に類似しており、加盟各国から 1 名ずつ指名され政策部門を分担する欧州委員がそれぞれ「総局」と呼ばれる官僚機構を率いている。

　F2F はフードシステムを対象としているため健康・食品安全総局の管轄となっている。F2F には気候・環境対策が多く含まれているため、その策定には環境総局と気候変動総局も参画している。実際、F2F を公表した際の報道発表には環境総局と気候変動総局も同席した。EGD や F2F が2021年 CAP 改革の施策を参照していることからも見て取れるように、農業・農村振興総局（以下、農業総局）との調整もなされていると考えられる。

　また、F2F 以外の管轄は、EGD が欧州委員会上級副委員長（気候変動総局を兼任）、BSD が環境総局の管轄である。一連の環境戦略は農業総局以外の管轄となっているのであるが、農業担当欧州委員は他の EU 機関の農業部門との交渉において、欧州委員会を代表して CAP 改革に F2F や EGD、BDS の内容を反映させるよう主張した。

## （2）CAP 改革交渉と欧州議会

　2021年改革では、欧州議会は農相理事会と比べて環境・気候対策に積極的であり、CAP の F2F や EGD への対応に貢献した。そこでは環境委員会の影響力が高まりつつあり、環境部門の意向を反映する有力な経路となっている。

　CAP 改革規則案の審議は他の多くの政策分野と同様に、（農相）理事会と欧州議会が同等の決定権を持って行う。欧州議会は、各加盟国の国民が選挙で選んだ議員からなり、EU における民主的統制の機能を担っている。その権限はかつて意見提出にとどまっていたが次第に拡大され、農業政策に関しては前回の2013年 CAP 改革から理事会と並ぶ共同決定権を得た。

　EU 機関同士の主要な交渉の場は、理事会と欧州議会に、大元の法制案を作成した欧州委員会を加えた 3 機関協議（trilogue）である[4]。それに先立ち、まずは欧州委員会が2018年に提出した法制案に対して、理事会と欧州議会がいずれも2020年10月にそれぞれ独自の修正案を決定した[5]。その後2020年11月から

政治合意に至るまでの半年間にわたり3機関協議が行われた。

## （3）環境委員会の参画

　欧州議会では、「担当委員会（committee responsible）」が修正案を立案し、また、3機関協議など他のEU機関との交渉にあたる。修正案は交渉の前に欧州議会の全体会議で必要に応じて変更され、交渉方針が決まる。CAP改革の場合は農業・農村振興委員会（以下、農業委員会）が担当委員会である。担当以外の関連する委員会は「意見（提出）委員会（committee for opinion）」となるが、その権限は、担当委員会が修正案を立案する際に意見書や変更案を提出することに限られており、本会議での変更案提出は認められない。

　従来、欧州議会の環境・公衆衛生・食品安全性委員会（以下、環境委員会）はこの状況に不満を有していた。CAPのうち、直接支払いの環境要件や農業環境支払いなどに対しては環境委員会がもっと強い権限を持つべきだというのである。前回2013年改革の規則案審議に際して、環境委員会は環境分野で農業委員会と同等の権限を要求したものの却下[6]された。

　そして今回のCAP改革審議では環境委員会はCAP戦略計画規則案について、前回に続き意見委員会ではあるものの、それに加えて農業委員会とともに「協力委員会（associated committee）」の地位を得た。農業委員会は環境分野については環境委員会の意見を尊重しながら修正案を立案することが求められ[7]、もし農業委員会が環境委員会の変更案を受け入れない場合は、本会議で環境委員会が変更案を提出できることになった（欧州議会第9会期手続規則第57条第2項）。両委員会はこの枠組みで交渉を開始したものの難航した。環境委員会は変更案が受け入れられないことを理由に途中で交渉から離脱し（2020年6月）、最終的には欧州議会の多数派を占める3会派が委員会を通さず修正案を直接本会議に上程する異例の事態となった。本会議では環境派の議員がCAP戦略計画にEGDの目標への対応を義務付ける変更案を提出したものの、否決された（平澤2018、2021c）。とはいえ、欧州議会の修正案は、EGDに基づくCAP戦略計画の評価を規定し（第127条、第129条）、また前文でF2FとBDSの達成目標に基づくCAP戦略計画の審査を要請しており（前文説明項目78a）、最終的に実現

した対策の要素を備えていた。これには環境委員会との交渉が反映していると考えられる。

## （4）　3機関協議における環境委員会

　そして次の交渉の場である3機関協議にも、環境委員会は代表を送り込んだ。交渉団の構成からは環境委員会の組織的な関与を読み取ることができる。

　CAP改革にかかる3つの規則案それぞれについて、団長1名を含む6名からなる交渉団が作られた。交渉団長はいずれも修正案起草者（Rapporteur）が務めるよう定められている（欧州議会手続規則第74条）。この3名の団長は全員が現在あるいは2019年7月まで、環境委員会の補欠委員であった（表8－6）。また、各交渉団にはもう1名ずつ、環境委員会と農業委員会を兼任する構成員が配置された。うち2名は環境委員会の正委員で農業委員会の補欠委員、残る1名は逆に農業委員会の正委員かつ環境委員会の補欠委員であった。

　18名の交渉団員は全員が農業委員会に正委員あるいは補欠委員として所属しており、そのうち農業委員会の補欠委員は4名のみである。4名のうち2名が上述の環境委員会、残る2名はそれぞれ地域振興委員会と漁業委員会に正委員として所属している。

　このように、3名の交渉団長はいずれも環境委員会の補欠委員あるいは前補欠委員であり、また交渉団には環境委員会の正委員が2名含まれている。交渉団の中で、環境委員会は農業委員会に次ぐ位置づけを得たようである。ただし、

表8－6　3機関協議に参加した環境委員会関係議員

| | 交渉団長 | | もう1人の団員 | |
|---|---|---|---|---|
| | 所属委員会 | 兼任先（補欠） | 所属委員会 | 兼任先（補欠） |
| CAP 戦略計画規則 | 地域振興（元農業） | 農業（元環境） | 農業 | 環境 |
| CMO 等改正規則 | 農業 | 環境 | 環境 | 農業 |
| 横断的規則 | 農業 | 環境 | 環境 | 農業 |

出所：交渉団の構成は欧州議会報道発表による。議員の所属委員会は欧州議会 Web サイトより（2021年11月14日アクセス）。
注：1．各議員は他の委員会にも所属している。
　　2．2019年選挙後に委員会と交渉団の構成議員は変更された。

最も重要と考えられる CAP 戦略規則の交渉団では、環境委員会が協力委員会となっているにも関わらず、団長が現在は環境委員会に所属しておらず、環境委員会の正委員も配置されていないという点で、環境委員会の位置づけが他の交渉団よりも軽いように見える。

## （5）F2F の合同担当委員会

　なお、F2F に対する欧州委員会の評価書（Rapport）作成においては、農業委員会が環境委員会と同等の権限を得て、協力関係を築いている。貿易委員会を加えた3つの委員会が協力委員会となったうえ、環境委員会と農業委員会は「合同担当委員会（joint committee responsible）」を形成した[8]のである。合同担当委員会では、環境委員会と農業委員会が一致して行動しない限り担当委員会の権限を行使できない（欧州議会第9会期手続規則第58条第2項）。

## 5．考察
## （1）中長期的な政策の構想を

　みどり戦略の環境関連目標は F2F と類似している一方、イノベーションと生産性向上の強調はむしろ米国のトランプ前政権の方針と似ている。みどり戦略には、両方の要素が併存しているようである。

　みどり戦略には、なぜ技術開発・普及を主要な手段とするのかについて、明示的な説明が無い。生産力強化と持続性の向上を両立するためにそれが最善の策であるかどうかを、より明確に論じてほしかった。みどり戦略が目標とする有機農業の拡大や化学農薬・化学肥料の削減は、長期的な持続性の観点を除けば生産力の低下につながる性格を有している。F2F や BDS に関しては、数値目標を達成した場合の影響として農産物の生産量減少や輸入増加を予想する研究結果（Barreiro-Hurle *et al.* 2021など）が公表され、消費者行動の変容や技術革新などによる下支えが期待されるところである。また、有機農業などの生産方式は労働集約的な傾向であり、わが国における農業労働の不足をさらに加速する懸念もある。何らかの省力化は不可欠であろう。

　とはいえ、新技術の開発・普及に全てが還元できるわけではないであろう。

それ以外の政策について、もっと丁寧に論じる必要があるのではないか。様々な選択肢があり得ることは、本稿で例示したとおりである。みどり戦略は新たな政策の在り方や施策の導入などについても記しており、今後の展開余地は大きい。EU の施策も参考になるのではないか。現状では単年度予算で政策が作られており、法制化の検討が報じられているが、今後は中長期的な政策構想の充実を望みたい。

　2021年 CAP 改革は、提案段階から環境・気候対策の強化を含んでおり、さらに審議の過程で F2F 等への対応方向を定めた。それに対してみどり戦略はどうか。政策のグリーン化や技術中心のアプローチは、農業政策全体の中でどのように位置付けられるのか。食料・農業・農村基本計画との調整も必要であろう。みどり戦略に限らず政策グリーン化の発展的展開に期待する。

## （2）政策部門横断の得失

　EGD や F2F の枠組みは、強まる環境部門からの政策ニーズとあるべき姿が明確になり、部門横断的な政策連携を実現できる利点がある一方で、農業部門での実現は不確実である。また、農業政策固有の課題には対応していない。

　2021年 CAP 改革の F2F 等への対応は、最終的には加盟国の CAP 戦略計画にかかっている。今のところ F2F や BDS の数値目標に法的拘束力はない。その一方で、農業政策の策定権限を持つ農業部門は、CAP 予算が削減される中で環境・気候対策の拡充を迫られており、対応が難しい面もある。各国は2021年中に各国が計画草案を提出し、2022年中に欧州委員会から承認を得るため交渉がなされる。欧州委員会は F2F 等への対応を迫るとみられるが、各国間で対応は分かれるであろう。

　それに対し、みどり戦略は生産力強化や省力化といった農業政策固有の課題と環境・気候対策を合わせて取り組もうとしており、目標と手段も農水省が自ら定め、一貫性を確保しやすい枠組みであると思われる。その半面、環境面での問題と課題の抽出が突き詰められていない印象であり、農業政策全体との接続も不明確である。また、EGD が提示しているような環境政策との連携、たとえば環境規制への適応を農業補助金で誘導するといった対応は今後の課題で

ある。

　なお、F2F とみどり戦略は政策の領域にずれがあるため、農水省の取り組みであるみどり戦略と比較する際には、F2F だけでなく CAP による対応も合わせてみる必要がある。逆に EGD や F2F と比較する際には、日本の環境政策なども含めてみることが有効なのかもしれない。

## （3）みどり戦略と基本法

　みどり戦略は農業政策の本格的な環境・気候対応に向けて、必要かつ重要な一歩を踏み出したことは間違いのないところであろう。それには食料・農業・農村基本法の欠落を補う役割もある。この基本法の基本的理念の１つは農業の多面的機能の発揮であるが、そこで想定されているのは主に慣行型の農業生産に付随して生じる治水機能などであり、それは農業と農村を維持すればいわば自動的に供給されるものとみなされている。それに対して、今求められているのは、農業による GHG 排出や環境負荷の削減など、公共の利益に資する積極的な改善であり、そのために農業を変えていくことである。わが国で現行基本法が1999年に制定された時期以降、スイスや EU ではそうした方向を目指して多面的機能や公共財供給に資する農政の基本目標と施策を議論し、改訂を重ねてきた。その過程では環境部門からの明示的な要請も反映されている。日本にも包括的な理念と、それに基づく検討や政策が必要ではないか。

　最後にもう一点、みどり戦略にない論点を挙げておく。F2F は目的に公正を含んでいる。2021年 CAP 改革は、目標に男女平等を含み、直接支払い等の受給要件には EU 労働法規の順守（社会ティコンディショナリティ）が追加された。人権などの社会的側面への配慮が進みつつある。

## 注

1）詳細は平澤（2021c）、次期 CAP 改革案については平澤（2021a）を参照。
2）前注の平澤（2021a, c）は法制案に基づいている。
3）その他に、従来市場施策に含まれていた品目部門別各種支援策を含む。
4）本来の審議手順は通常手続き（ordinary procedure）と呼ばれ、第一読会から第三読会まで欧州議会と理事会が相互に修正案を提出する仕組みが基本条約に定められ

ている。しかし、第二読会以降は審議期間が細かく定められており、実際にはほとんどの場合第二読会には進まず、自由度の高い第一読会で最後まで交渉が続けられる。CAP 改革においても、前回の2013年改革と、今回の改革でいずれも第一読会のみで交渉が行われた。3 機関協議はその受け皿となっている。

5）規則案の公表から修正案が決まるまで 2 年半近くかかったのは、英国の EU 脱退交渉に時間がかかり EU の2021-2027年中期予算（多年度財政枠組）が確定しなかったことや、2019年に欧州議会選挙があったことが影響している。

6）欧州議会の運営組織である議長会議による決定（欧州議会第 9 会期手続規則第211条　Rule 211）。議長会議の構成員は欧州議会議長と各政治会派の会派長。欧州議会の政治会派は加盟国の国内政党が集まって結成している。

7）環境委員会の専管事項であればその変更案を無条件で受け入れる必要があるが、CAP 改革の場合は農業政策であるため該当しないと思われる。

8）欧州議会 Web サイトによる（https://oeil.secure.europarl.europa.eu/oeil/popups/ficheprocedure.do ? reference = 2020/2260 (INI) &l = en 2021年11月28日アクセス）。

## 引用文献

Barreiro-Hurle, J., Bogonos, M., Himics, M., Hristov, J., P&eacute;rez-Dominguez, I., Sahoo, A., Salputra, G., Weiss, F., Baldoni, E. and Elleby, C.（2021）"Modelling environmental and climate ambition in the agricultural sector with the CAPRI model", JRC Technical Report, European Commission, 28 July.

BirdLife Europe, European Environmental Bureau（EEB）, and WWF European Policy Office（2021）Will CAP eco-schemes be worth their name ? − An assessment of draft eco-schemes proposed by Member States, November.

European Commission（2021）List of Potential Agricultural Practices That Eco-Schemes Could Support, January.

平澤明彦（2021a）「次期 CAP 改革：CAP 戦略計画規則案の説明覚書」、『のびゆく農業』（1051）、翻訳と解題、3 月.

―――（2021b）「次期 CAP 改革と欧州グリーンディールからの要請」、『日本農業年報66　新基本法はコロナの時代を見据えているのか』

―――（2021c）「欧州グリーンディールは共通農業政策（CAP）を変えるか」、『農業経済研究』93（2）、172-184頁、9 月.

―――（2021d）「EU の GHG 削減策法制案―農業が削減対象に―」、『農中総研　調査と情報』（86）、20-21頁、9 月.

―――（2019）「EU 共通農業政策（CAP）の新段階」、村田武　編『新自由主義グローバリズムと家族農業経営』、123-168頁、筑波書房.

―――（2018）「欧州議会環境委員会の権限強化―次期 CAP 改革を巡って―」、『農中総研調査と情報』（69）、22-23頁、11月.

〔2021年12月 6 日　記〕

# 第9章　アメリカ農業における環境保護政策

服 部 信 司

## 1．はじめに

　アメリカ農業における環境保護政策は、今から36年前の1985年に制定され実行に移された。今年（2021年）、「みどり戦略」が制定された日本と比べ、その開始は36年も早い。

　ここで成立した環境保護措置は、以降、今日に至るまで、アメリカ農業における環境保護政策・保護活動の中軸に位置し続けてきた。

　本章では、1980年代において発生したアメリカ農業における環境問題、それへの対策として導入された環境保護政策、これらを中心に検討していく。さらに、以降に追加された環境措置や有機農業支援政策についても触れていくことにする。

## 2．1970年代における限界地の耕地化

　1980年代のアメリカにおける土壌流失の大規模な発生は、70年代の輸出ブーム下における生産増のための耕地の拡大に原因がある。

## （1）1970年代の輸出ブーム

　1970年代初頭におけるソ連の大量の穀物輸入の開始を軸にして、穀物の輸出ブームが起こった。トウモロコシの世界貿易量は、1970年度の3,200万トンから1980年度には2.4倍の7,800万トンに達した。小麦の世界貿易量も1970年度5,500万トンから1981年度には1億トンに至り、2倍に及んだのである。大豆の貿易量も、1,260万トン→2,900万トンへと2.2倍に達した。

表9－1　1970年代：アメリカの耕地面積

（単位100万 ha、%）

|  | 食用穀物 | 飼料穀物 | 合　計 |
|---|---|---|---|
| 1969-1971 | 38.9　(100) | 20.7　(100) | 59.6　(100) |
| 1979-1981 | 41.5　(107) | 30.2　(146) | 71.7　(120) |

USDA, Agricultural Statistics, 2019, p. Ⅸ—11.

　こうしたなかで、アメリカのトウモロコシ輸出量は1970年度の1,640万トンから80年度の6,000万トンへと実に4.6倍に、アメリカの小麦輸出量は、同時期に1,990万トン→4,800万トンへと2.5倍になった。いずれも世界輸出量の伸びを上回ったのである。

　アメリカ農業は、ソ連の大量の穀物輸入をきっかけとする80年代の世界輸入の拡大に、全面的に応えたのである。

## （2）耕地面積の拡大

　こうした輸出の増大は、耕地面積の拡大によって支えられた。

　表9－1のように、70年代の10年間で、耕地面積は、5,960万 ha から7,170万 ha へと1,200万 ha（1.2倍）に拡大した。その中心は、飼料穀物（主としてトウモロコシ）の耕地面積が、2,070万 ha から3,020万 ha へと実に1.5倍に拡大したことにあった。

## （3）限界地の耕地化

　このような耕地面積の拡大は、主として、農場内の限界地（牧草地や放牧地など）を耕地化することによって進められた。土壌流失は、こうした耕地化された限界耕地において、発生したのである。

## 3．1980年代における土壌流失・湿地喪失と地下水汚染問題の拡大

### （1）土壌浸食—流失問題

　アメリカ農務省のレポートによれば、アメリカ全体において、1982年時点で浸食を受けやすい土地は約4,000万 ha（総耕地面積の24％）に達していたといわ

れる[1]。

　農産物輸出が拡大した1970年代において、それまでは放牧地や採草地として利用されていた傾斜地などの限界地が大量に耕地化されたために、そこでの土壌流失－侵食問題が発生したのである。1970年代における耕地拡大面積2,000万 ha は、当時の浸食を受けやすい耕地4,000万 ha の半分にあたっている[2]。

　土壌侵食の問題は、第1には、農業資源としての表土の流失→それに伴う農業生産性の低下問題である。だが、ことは、それにとどまらない。

　流失土壌は河川に入り、沈殿することによって水質の汚染、魚や動植物の生存の困難化、航行の阻害を引き起こす。あるいは、風食による土壌の流出は、大気の汚染、健康への影響を引き起こす。1980年代では、土壌流失の引き起こした“他地点への打撃”の方が、より大きな環境問題として、認識されるようになった。


## （2）　湿地の喪失

　アメリカにおいては、湿地は、レクリエーションの場であるとともに、野生動植物の生息地として、さらには、洪水を防ぐ湛水機能や水質を改善する機能を持つ場所としても評価されてきた。

　こうした湿地は、19世紀中頃に比べると1980年代には22－46％減ったといわれ、1950年代－70年代の20年間をとれば、湿地喪失の80％以上は農地への転換によるとされた[3]。


## （3）　地下水汚染問題

　1980年代において拡大した地下水汚染について、アメリカ農務省のレポートは、「アメリカで推定5,000万人の人たちの飲んでいる水が農薬と化学肥料で汚染されている可能性がある。このうちおよそ1,900万人は、汚染の可能性が最も高い私設の井戸から水を得ている」[4]とした。5,000万人は、当時の人口2億4,800万人の20％、1,900万人は8％に当たる。実に、総人口の5人に1人が汚染の可能性のある水を用いていたのである。

　地下水汚染の要因とされていたのが、農薬と化学肥料のなかのチッソであっ

た。農薬投入量は、1960年代中期から1980年代へと３倍近くに増え、肥料投入量も60年代中期から80年代へと５割増えていたのである[5]。

　以上のように、70年代における限界地の著しい耕地化→「土壌浸食を受けやすい耕地」の拡大と「湿地の埋め立ての拡大」が、1980年代前半において、まず、土壌保全と湿地保全を環境と農業の中心問題にさせたのである。

　こうした農業における環境問題の発生に対して、全面的な対応が必要とし、法案の策定を議会に働きかけたのが、アメリカの環境団体であった。

## ４．アメリカの環境団体
### （１）概観
#### １）数多くの多様な団体

　アメリカには数多くの環境団体がある。表９−２は主要な団体についての特徴を示している。

　そこからもうかがえるように、大は会員数（会員とは、年会費を納入しているメンバー）400万人、年間支出規模12.9億ドル（１ドル110円として、1,420億円）の団体から、会員数5,000人や年間収入規模16万ドル（1,760万円）の団体、あるいは、設立以来100年を超す団体から1970年代初めに生まれたものまで、さらに、その活動の力点をとっても、野生動植物の生存の維持のために保護地域の買収−維持を主とするものから、現代の環境問題に幅広く取り組んでいる団体まで、そのあり方はきわめて多様である。

#### ２）共通点

　組織に共通する特徴点としては、環境団体のいずれもが1980年代において、飛躍的に拡大を遂げたことが挙げられる。

　例えば、NRDC（Natural Resources Defense Council: 自然資源防衛協会：以下、NRDCとする）は、1980年の３万5,000人から1990年の14万人へ、NWF（National Wild Life Federation: 全国野生動植物連盟：以下、NWFとする）の関連団体であるWWF（World Wildlife Federation: 世界の野生動植物の保全のための基金拠出者のための組織）の会員数は、1983年の９万4,000人から1989年の66万7,000人へと目ざま

表9-2　アメリカの主要な環境団体

| 団体名 | 設立年 | 本部所在地 | 職員数（人） | 会員数（人） | 収入規模（万ドル） | 特　徴 |
|---|---|---|---|---|---|---|
| Sierra Club（シエラ・クラブ） | 1892 | サンフランシスコ | | 130万 | | 歴史は最も古いが、現代の問題にも取り組む |
| National Wildlife Federation（NWF）（全国野生動植物連合） | 1936 | ワシントンDC | 353 | 400万 | 9,100 | 全世界に基金提供者を持つ。会員数では、アメリカ最大の環境団体。4,000人のボランテイアが働く。 |
| NRDC（Natural Resources Defense Council（自然資源防衛協会） | 1979 | ニュヨーク | 700 | N.A[1] | 2億1,312 | リンゴへの発ガン性農薬（アラー）のレポートで有名に。 |
| Conservation Foundation（保全財団） | 1948 | ワシントンDC | 26 | 5,000 | | リサーチが主。ロビングは行わない。 |
| The Nature Conservancy（自然保全会） | 1951 | アーリントン | 4700 | 100万 | 12億9,000 | 財政規模では最大の環境団体。グーグル、HPなどの大企業との結びつきを持つ[3]。 |
| National Auduborn Society（全国オーデュボーン協会） | 1906 | ニューヨーク | | N.A[2] | 16 | Auduborn は、鳥の絵をテーマにした画家。農業における環境保護政策立案に向けて最も早くから活動[3]。 |

資料：各団体の WEB ホームページによる。
注：1 ）1993年14万人。
　　2 ）1993年50万人。
　　3 ）ウイキペデイアによる。

しい拡大をとげた[6]。

　これは、1980年代において、環境保護への関心がアメリカ国民の間において高まり、それが大きなうねりとなったこと、ことに、レーガン政権下において、民活思想の基に公有地の民間利用が促され、公有地における環境保護が顧みられなくなったことへの疑問や警戒感が、環境団体の存在をクローズ・アップさせたことによっている。

　ほとんどの環境団体がワシントンDCに事務所を置き、議会や政府への働きかけ（ロビイング活動）を行っている。

### 3）2つのタイプ

　1つは、すでに戦前に、国立公園内の自然保全や野生動植物の生息地域の保全のための民間ボランタリー組織として生まれ、1970年代以降、大気汚染をはじめとする現代の環境問題への取り組みに着手したもの。

　もう1つは、現代の環境問題に対処しようとして、1970年代以降に生まれたもの。

　前者の例として、シエラ・クラブ、NWF、後者の代表として NRDC をとりあげて、その特徴をみていくことにしよう。

## （2）主な環境団体

### 1）シエラ・クラブ（Sierra Club）

　シエラ・クラブのシエラとは、カリフォルニア州のシエラ・ネバタ山脈のシエラのことである。シエラ・クラブは、1892年、シエラ・ネバタ山脈の自然の保全・紹介・エンジョイを目的とする団体として生まれた。アメリカで最も歴史の古い環境団体である。現会員数は130万人（2021年9月）。

　1970年の全国環境政策法（National Environmental Policy Act）の制定と環境保護庁の設立において、中心的役割を果たす。それを通して、会員数も1950年の1万人から1970年には10万人に達した。現在（2021年9月）の会員数は130万人。

　1972年の水質汚染防止法（Water Pollution Control Act）、1976年の有機法（Organic Act：内務省の管理する公有地1億8,400万 ha についての保護を改善するためのもの）、1977年の大気清浄法（Clean Air Act）成立を押し進める中心団体の1つになった。

　そして、1985年には、全国オーデユボーン協会と共に、1985年農業法のなかに、環境措置の導入を推し進める中心団体として活動したのである。

### 2）NWF（全国野生動植物連合）

　1936年、野生動植物の維持を目標として発足。現在は、アメリカだけではなく、熱帯雨林の保全、アフリカ象の保護など世界全体で野生動植物の維持・保全を活動対象にしている。その会員数は400万人（2021年9月）、年収入規模は

9,100万ドル（100億円）。年収入額では、アメリカ最大の環境団体である。

　ＮＷＦは、90年農業法の形成において、環境団体と農業団体との間の妥協を図る触媒者の役割を演じた。


### 3）ＮＲＤＣ（自然資源防衛協会）

　NRDCは、1970年に、現在の環境問題に係ることを課題として発足した。

　1970年に成立した全国環境政策法に関心を持つ弁護士のグループと、環境保護のための活動を行っていた大学生のグループが結びついて１つとなり、それがフォード財団の援助の下に、当初10人のスタッフでNRDCとしての活動を始めたのである。1980年に会員は３万5,000人になった。

　NRDCは、レーガン政権の公有地放任政策に対する大衆の反発を基礎に急拡大し（1986年に９万5,000人に）、さらに、発がん性農薬のリンゴへの散布問題についてのレポート（1988年）で全国的に著名となった。

　アメリカの環境団体は、「農民が、公金としての補助金を受ける以上、環境保護という社会全体の要請に応えるべき」とする態度を持っているが、とくに、NRDCにおいて、その態度が鮮明であった[7]。

　以上が、環境団体のプロフィールである。

　1980年代にアメリカ農業における環境汚染問題が発生したことに対し、それへの政策的対応を議会に促したのは、こうした環境団体であった。


## 5．1985年農業法による対応：土壌罰則・湿地保全・保全留保計画を導入

### （1）アメリカの農業法：全政策を網羅

　アメリカの農業法は、農務省の所管する農業と食料に関するすべての政策を１つの法案のなかに一括したパッケイジ法案となっている。

　例えば、低所得層への食料補助（Food Stamp）も、農業法のなかに入っている。それが、農務省の所管だからである。

## （2）土壌罰則（Sodbuster）

　土壌保全のために、土壌罰則と保全留保計画（Conservation Reserve Program：CRP）の2つが導入された（表9－3）。

　土壌罰則とは、一種のペナルテイー制度である。

　「あたらしく耕地とした土地のなかで"著しく浸食を受けやすい土地（Highly Erodible Land)"において、その土地に適合した土壌保全農法を用いずに農産物を作る者は、アメリカ農務省からのプログラム利益（不足払い・価格支持など）などを受けられない」とされた。

　目標価格を基準とした不足払いや価格支持は、アメリカの総ての穀物に設定されている。したがって、1980年代の過剰基調のもとで、農民が不足払いや価格支持に伴う受益権を失うことは、自殺行為を意味する。したがって、「著しく浸食を受けやすい土地」における土壌保全農法の実施は、文字通りの義務で

表9－3　1985年農業法における環境保護措置

| 措　置 | 内　　　　　容 |
|---|---|
| 土壌罰則<br>（Sodbuster） | 新たに耕地になった"著しく浸食を受けやすい土地"において、その土地に適応した土壌保全農法を用いずに農産物を作る者は、アメリカ農務省からの「プログラム利益（不足払い、価格支持）を得ることが禁ぜられる。 |
| 湿地保全<br>（Swampbuster） | 1985年12月20日以降、湿地を耕地に転用した者（湿地を排水し、かつ、そこに作物を植えた者）は、アメリカ農務省のプログラム利益を得られない、 |
| 土壌保全留保計画<br>（The Conservation Reserve Program） | "著しく浸食を受けやすい土地"についての、保全と改善を図ろうとするもの。<br>（1）政府との間で契約を結んだ土地については、その所有者ないし経営者は、地域の保全地区の認可の下で、10〜15年間、土壌保全計画の基に置く（草地、樹林地とする）。少なくとも、8分の1は、樹林地とする。<br>（2）政府は、その土地について、補償に足りるリース料を払う（1986〜89：エーカ約50ドル！）。<br>（3）いったん、保全に入った土地については、採草や放牧を行ってはならない。<br>（4）1990年末に、4,000万〜4,500万エーカ（1,600万〜1,800万ha）を目標とする。 |
| 保全遵守<br>（Conservation Compliance） | （1）（価格・所得支持）計画の参加者で、経営耕地のなかに"著しく浸食を受けやすい土地"を持っている者は、1990年までに、各自の農場における土壌保全計画を作成する。<br>（2）1995年にそれを実行する。 |

資料：服部信司『先進国の環境問題と農業』1993年2月、富民協会／毎日新聞社49頁。
注：1）1ha当たり1万7,500円（1ドル＝140円）。
　　2）2018年時点での契約面積は、2,261万エーカ（904万ha）

はないにせよ、事実上は義務に等しいものになったといえる。


## （3）湿地保全（Swampbuster）

　湿地保全のために、土壌罰則と同様のペナルティを設定したのが、湿地罰則である。

　「1985年12月20日以降、湿地を耕地に転用した者（湿地を排水し、かつ、そこに作付をした者）は、アメリカ農務省のプログラム利益が得られない」（表9-3）とされた。


## （4）保全留保計画（The Conservation Reserve Program）

　これは、「著しく浸食を受けやすい土地の所有者あるいは経営者との間の契約によって、土壌や水資源の保全を図ろう」とする計画である。

　1）政府との間で契約を結んだ土地については、その所有者あるいは経営者は、10～15年間、その土地を耕地として用いずに、土壌保全計画（草地、樹林地への転換など）を行う。少なくとも、その8分の1は樹林地とする。

　2）その間、政府は、その土地について補償に足るリース料を支払う（1986～89年平均では、エーカ当たり年48ドル＝ha当たり120ドル：約1万7,000円）。

　3）いったん、保全留保に入った土地については、採草や放牧も行ってはならない。

　4）1990年末までに、4,000万～4,500万エーカ（1,600～1,800万ha）を目標とする、というものであった。


　以上の1985年農業法における土壌罰則・湿地保全・保全留保計画は、大きな効果をあげ、環境団体から高い評価を得た。

　表9-4に見るように、保全留保計画と湿地保全計画は、今日まで、途切れることなく、一貫して行われ、アメリカ農業における環境保全政策の中軸をなしてきたのである。

表9－4　アメリカ農業法における環境政策（1985～2018）

| 政　策<br>（計画） | 1985年<br>農業法 | 1990年<br>農業法 | 1996年<br>農業法 | 2002年<br>農業法 | 2008年<br>農業法 | 2014年<br>農業法 | 2018年<br>農業法 |
|---|---|---|---|---|---|---|---|
| 土壌罰則 | ○ | ○ | ○ | | | | |
| 湿地保全 | ○ | ○ | ○ | ○ | ○ | ○ | ○ |
| 保全留保計画 | ○ | ○ | ○ | ○ | ○ | ○ | ○ |
| 保全遵守 | ○ | | | | | | |
| 環境の質助成計画 | | ○ | ○ | ○ | ○ | ○ | ○ |
| 湿地回復保全 | | ○ | ○ | ○ | ○ | ○ | ○ |
| 水質保全助成 | | ○ | ○ | | | | |
| 保全励行 | | | | ○ | ○ | ○ | ○ |
| 有機農業支援 | | | | | ○ | ○ | ○ |

注：1）○は政策の実施を示す。

## 6．1990年農業法：環境の質・助成計画を追加

　1990年農業法で導入された「環境の質・助成計画（Environmentally Quality Incentive Program: EQIP）の中心は、畜産の環境対策への支援であり、そのポイントは家畜糞尿貯蔵庫の設置コストの75％までを補助することにある。これへの財政支出額を、それまでの年1.7億ドルから8倍の12.5億ドルに拡大する。

　それによって、これまでの1農場当たりの助成額が、「総額5万ドル（600万円）、年1万ドル（120万円）」に制限されていたことに対し、助成の限度を「総額45万ドル（5,400万円）、年7万5,000ドル（900万円）に引き上げるため」（表9－5）である。

　ところで、アメリカの肉牛肥育場（フィードロット）は、規模が大きい（大規模なものは規模10万頭にも及ぶ）から、その環境対策にも、大きなコストがかかる。この助成額の変更は、こうした実態に即したものとみてよい。

　なお、支援対象を年販売額250万ドル（3億2,500万円）までとしていたことも注目される。超大規模の畜産企業経営を支援対象から除外したのである。

表 9 - 5　環境の質・助成計画（1990年農業法）

| |
|---|
| ・畜産の環境対策への支援。<br>・家畜糞尿貯蔵庫の設置コストの75%までを補助。<br>・これまでの助成額は、1農場について総額5万ドル（600万円）、年1万ドル（120万円）までに制限。<br>・これを、1農場・総額45万ドル（5,400万円）、年7万5,000ドル（900万円）にひきあげるため。<br>　　　ただし、支援対象農場は、年収入額250万ドル（30億2,500万円）までとする。<br>・アメリカの畜産農場（特に肉牛肥育農場）は規模が大きいから、その環境対策も大きい。 |

## ７．有機農業支援

### （１）背景：有機農業の発展・成長

アメリカにおける有機農業は、

（1）化学的に合成されているいかなる肥料、農薬、成長促進材も用いない。

（2）化学肥料の使用中止から有機農産物の販売まで、3年間の期間を置く（化学肥料の使用をやめてから、3年間経過しなければ、有機農産物として販売できない）。

すなわち、アメリカの有機農業とは"完全有機農業"である。

また、有機農産物を生産・販売するには、認証団体による有機農場としての検定・認証を得る必要がある。検定・認証は、毎年更新されなければならない。

こうした有機農業は、1990年代以降、毎年2桁の成長を続け、2012年には、1万4,326農場、有機販売額31.2億ドル（3,432億円、農産物総販売額の0.7%）、1農場平均販売額21万7,800ドル（2,396万円）に達した（表9－6）。

さらに、2017年には、有機農場数は1万8,166、同販売額は72.7億ドル（7,997億円）、1農場平均販売額40万200ドル（4,402万円）に増大したのである。

2012年から2017年へのわずか5年間で、アメリカの有機農場数は1.3倍に、同販売額は2.3倍に、1農場あたりの販売額は1.8倍に急増した。アメリカの有機農業は、成長産業として発展してきたのである。

アメリカの西部－カリフォルニアは、年間の降雨量が少なく、乾燥気候である。有機農業の適地といっていい。現在（2017年）の有機農業の農産物販売額シエアは1.7%（表9－7）であるが、今後、さらに拡大する可能性が高いとみられる。

表9－6　アメリカの有機農場─農場数・販売額・1農場平均
　　　　販売額（2012、2017）─

|  | 2012 | 2017 |
|---|---|---|
| 有機農場数 | 14,326（100） | 18,166（126） |
| 有機販売額（億ドル）<br>（億円） | 31.2（100）<br>（3432） | 72.7（233）<br>（7997） |
| 1農場平均販売額<br>（1000ドル）<br>（万円[1]） | 217.8（100）<br>（2396） | 400.2（184）<br>（4402） |

資料：USDC, 2017 Census of Agriculture, V ol.1, pt.51, p.61
注：1）1ドル＝110円。

表9－7　アメリカにおける有機農業のシエア（2012、2017）

（単位：億ドル、%）

|  | 2012 | 2017 |
|---|---|---|
| 有機農産物販売額 | 31.2（0.7） | 72.7（1.7） |
| 農産物総販売額 | 4,204（100） | 4,295（100） |

資料：表9－6と同じ。

## 8．2018年農業法における保全留保面積の拡大

　2018年農業法において、保全留保計画への参加面積は拡大されている。

　2018年の参加面積は904万 ha（100%、以下省略）であった（表9－8）。これが、2019年960万 ha（106）、2020年980万 ha（108）、2021年1,000万 ha（111）、2022年1,020万 ha（113）、2023年1,030万 ha（114）へと、5年間で14%拡大されたのである（表9－9）。

　アメリカは、保全留保面積を拡大することによって、土壌保全を図り続けようとしている。

　そこには、これまでの土壌保全活動の中軸であった保全留保計画を維持−拡大することによって、農業の基盤である農地＝土壌の保全・維持を図り続けていこうとするアメリカ政府・議会の固い決意を読み取ることができる。

表9－8　土壌保全留保計画（CRP）への参加面積・支出額
（2017、2018）

| | 2017 | 2018 |
|---|---|---|
| 参加面積（万 ha） | 918 （2.55） | 904 （2.51） |
| 農地面積（万 ha） | 360,100 （100） | 359,800 （100） |
| 支出額（億ドル） | 18.8 （1.47） | 21.3 （1.46） |
| 農務省の総支出額（億ドル） | 1,280 （100） | 1,460 （100） |

資料：USDC, 2017 Census of Agriculture, vol.1, pt.51, p.17
　　　USDA, Agricultural Statistics, 2019, p．Ⅻ－18、Budget Summary, FY 2020,
　　　p.19, FY 2019, p.18.

表9－9　2018年農業法における保全留保計画・面積（2019～2023）

| 年 | 面　積 (100万 ha) | 指　　数 | 指　　数 |
|---|---|---|---|
| 2018 | 904 | 100 | |
| 2019 | 960 | 106 | 100 |
| 2020 | 980 | 108 | 102 |
| 2021 | 1,000 | 111 | 104 |
| 2022 | 1,020 | 113 | 106 |
| 2023 | 1,030 | 114 | 113 |

資料：The Agricultural Improvement Act of 2018,99.51-53.

# 9．わが国「みどり戦略」との比較

（1）アメリカの農業環境保護政策は、36年前に始まった。これから30年後
　　の目標を設定し、そこに向けて進んでいこうとする日本の「みどり戦略」
　　とは、基本的に異なる。

（2）アメリカ農業における環境保全活動は、農業における環境問題の発生
　　に直面し、それへの対応として始まった。その策定の中心となったのは、
　　環境団体であった。

　　　日本の「みどり戦略」は、日本農業における環境問題に直面して、
　　それへの対応として始められたのではない。

　　　EU の政策を追う形で、日本の「みどり戦略」は30年後の目標＝有機
　　面積100万 ha を設定している。いわば、描かれた絵である。「みどり戦
　　略」は、日本の現実の問題への対処からのスタートではない。

　　　日本は、まだ、30年後の絵を描いている段階に過ぎないともいえる。

（3）他方、日本の農地の中心である田は、環境への負荷は小さい。このことが、日本の環境保全政策（みどり戦略）を"30年後を目標とする"という悠長なものにさせているとも考えられる。

（4）「みどり戦略」は、「30年後＝2050年に有機農業面積100万ha」にする目標を掲げている。

　　だが、これは、何を根拠にしているのか、不明である。

　　有機農業とは、完全無農薬・完全無化学肥料（全有機肥料）のことである。夏、高温・多湿の日本では、有機農業は極めて難しい。

　　日本農業全体では、完全無農薬・完全無化学肥料は現実的な課題にならない。"減農薬・減化学肥料"が、課題となる。これが、明確にされる必要がある。

## 注

1 ）C. E. Young and T. Osborn, The Conservation Reserve Program, USDA, Agricultural Economic Report, No. 626, 1990, p.3

2 ）ibid.

3 ）Statement of National Wildlife Federation before the Senate Committee　on Agriculture, Nutrition and Forestry, March 29, 1990.

4 ）USDA, The Magnitude and Costs of Groundwater Contamination from Agricultural Chemicals、1987. p.v.

5 ）K. Reichelderfer and T. Phipps, Agricultural Policy and Environmental Quality

6 ）服部信司『先進国の環境問題と農業』富民協会／毎日新聞社、1993年、39頁。

7 ）服部信司『前掲書』46頁。

〔2021年10月30日　記〕

# 第10章　みどりの食料システム戦略は、地域における食と農の未来をひらけるか？

西　山　未　真

## 1．はじめに―みどり戦略における食と農を結ぶ取り組みの位置付け―

　本稿に与えられたテーマは、地域で食と農を結ぶ視点から、みどりの食料システム戦略（以下、みどり戦略）を捉え直し、それを踏まえた上で、みどり戦略で目標としている2050年を見据えて、食と農との間に望ましい関係を構築するために必要な課題を整理することである。

　まず、本稿における食と農を結ぶ取り組みの定義を明らかにしておきたい。食と農を結ぶとは、単に生産から消費に至る農産物の流通経路を確立することを意味するのではなく、食（消費）と農（生産）が相互に理解を深め、価値を共有し、相互に支え合える関係を構築することを意味する。言い換えると、食と農がいわゆる顔の見える関係で結合することである。これらの活動はAFNs（オルタナティブフードネットワーク）と一括に表現されることもあるが、具体的には、ファーマーズマーケット、CSA（地域支援型農業）、生協、直売所が主なものであるが、市民農園、援農、食育、地域農産品による学校給食も含み、さらに子ども食堂、フードバンクなどにも同様な食と農の関係が見られる場合もある。個々の活動は経済規模が小さいものが多く、また農産物は市場外で供給されるため統計に現れることはほとんどない。しかし、社会のひずみや社会問題に対応する最前線の活動であり、次々に新しい活動が勃興する注目すべき領域でもある（西山2021）。

　さて、みどり戦略及びその根拠である食料・農業・農村基本計画（以下、基本計画）において、食と農を結ぶ取り組みがどのように位置付けられているか、

関連する記述から確認する。基本計画において、食料安定供給のため、食と農の繋がりの進化が必要である（第3－1－(3)）。また、食育や地産地消を推進することにより消費者に日本の食料や農を知らしめることによって国産農産物の消費拡大（第3－1－(3)－①）が必要であり、食料安全保障の観点からも（第3－6）農業の重要性や農村維持の重要性を国民に理解させるための国民運動の展開が必要とされている。つまり、基本計画において食と農とを結ぶのは、国産農産物の消費拡大と食料安全保障の確保が目的とされている。これらを受けて、みどり戦略においては、国産農産物の消費拡大によって農業生産を維持しつつ食料安全保障を確保することを「持続的な食料システムを構築する」とワンフレーズで表現している。

　「持続的な食料システム」については、「本戦略の背景」（2章）の3節（持続的な食料システムの構築の必要性）で説明されており、それは生産者の減少・高齢化に対して労働生産性の向上や地域資源の最大活用などで対応し、農薬、化学肥料、化石燃料の使用を抑制して環境負荷を低減することにより、災害や気候変動に強い食料システムとして実現される（2－(3)－①）ものであり、実現するためには、食料システムを構成する関係者による正確な現状把握と課題解決に向けた行動変容が必要不可欠である（2－(3)－②）としている。このような問題意識のもと、「本戦略の目指す姿と取り組み方向」（3章）として、3節（国民理解の促進）には、食料・農林水産業を取り巻く状況や本戦略の理念等についてわかりやすい情報発信や関係者との意見交換等を通じた国民理解の促進に取り組むとしている。また、革新的技術・生産体系の実用化に関しても科学的知見に基づく合意形成が重要であるとしている。さらに、3章4節（本戦略により期待される効果）においては、生産者・消費者の相互理解と連携による健康で栄養バランスに優れた日本型食生活が国民的に広がり、新技術の活用による地域経済循環、人々の交流促進、地域重視のライフスタイルの定着等を通して地域雇用・所得の増大、地域コミュニティの活性化など、多様な人々が共生する地域社会の形成と国民の幸福度の向上につながることが期待されるとしている。みどり戦略の全体的な方向性としては、ドローン、AI、ロボット、レーザー、生物農薬など革新的技術開発を前面に押し出しており、それら新技

術を積極導入することによって、担い手不足に対応しつつ環境対応を行い、次世代農業を構築するという極めて技術依存の色彩の強い、野心的な戦略になっている。しかし、そうした前のめりとも思える内容に終始しているわけではなく、生産者・消費者の相互理解と行動変容も強調されており、項目としては、食と農を結ぶ重要性に関しても目配せされている。しかし、「具体的施策」（4章）をみると、4節（環境に優しい持続可能な消費の拡大や食育の推進）に食品ロスを削減した持続可能な消費の拡大（4－（4）－①）、見た目にこだわらない環境に優しい消費、CSA 等消費者や地域住民が支える仕組みの拡大など、消費者と生産者の交流を通じた相互理解の促進による消費の拡大（4－（4）－②）、食育や地産地消推進などによる日本型食生活の推進（4－（4）－③）が挙げられているが、現状における問題の認識と対応策について、現在の延長線にある記述が並んでおり、政策の転換や大きな進展が感じられるものはほとんどない。さらに、5節（食料システムを支える持続可能な農山漁村の創造）においては、マルシェや直売所、学校給食等を通じた都市部での地産地消の取り組みの推進、市民農園や体験農園等の利用拡大を通じた農業に対する理解醸成など（4－（5）－③）、都市と農業とを結びつけうる活動に対しても漏らさずに記述がなされているが、それに対する対応についてはほとんど言及されていない。

　以上の、みどり戦略およびその根拠である基本計画において、食と農を結ぶこととして、食育、地産地消、直売所、市民農園など地域に密着して実施される小さな活動に関しても記述がなされているように、ミクロな視点も持ちつつ網羅的に記述された印象がある。しかし、いずれの活動に対しても、一義的には、生産者と消費者の相互理解を促進することによって、国産農産物の選考性を高めようとするものであり、結果的に消費拡大につなげようとする狙いは旧来のままである。食と農をつなげる取り組みが消費拡大策としてのみ位置づけられていることは、みどり戦略の限界を示すものであり、また、食や農の将来像に関わる重大な意味を持つものである。次節以降であらためて検討することとしたい。

## 2．事例にみる食と農を結ぶ取り組みの可能性

ここでは、食と農の結びつきがどのように形成されるのか事例から検討する。

## （1）取り組みのネットワーク化による地域問題への対応―カナダ・トロント市の事例―

カナダのトロント市では1980年代からの経済格差の拡大により、コミュニティの崩壊、食料不安層（＝貧困層）が拡大したことが活動の契機となった。1990年代にフードバンクや直売所の立ち上げが広がり、2000年に「トロント食料憲章」として、地域の食の確保が市の優先的行政課題であることが宣言され、市民に共有された。それをきっかけに、トロント市内の多数の取り組みが体系化され、戦略的な取り組みへとつながった。一連の食に関わる活動の方向づけを行っているのがトロントフードポリシーカウンシル（TFPC）である。TFPCは事務局を市職員が担い、メンバーは一般市民から募った30人で構成されている。トロント市にみられる一連の活動は、TFPCが民間主導の活動の方向づけを行い、ローカルフードシステムを構築していく取り組みである。ここでいうローカルフードシステムとは、単なる食の流通を超えて、消費者・生産者の連携、個別の取り組み同士の連携により、フードシステムをツールに地域の社会問題を解決しようとするものである。例えば、外国人の混住化が進行したコミュニティでは、住民同士のコミュニケーションの場として、あるいは低所得者世帯の食料調達の場として、コミュニティガーデン（市民農園）が機能し、市内の最も効果的な場所に配置される。コミュニティガーデンで収穫された食料は直売所で販売され低所得者世帯の収入の一助にもなる。さらに、近隣同士でおすそ分けをし合ったり、フードバンクに寄付するなど地域で役立てられる。コミュニティガーデンは活動のごく一部に過ぎず、地域の課題に対して多様な活動を横のネットワーク化で解決するフードシステムが、ローカルフードシステムとして機能している。

この事例から学ぶべき点は、第一には、食と農を結ぶことは、単に地場農産物の消費拡大としての役割だけでなく、コミュニティ形成、暮らしやすい地域の創出、貧困問題や環境問題への対応など多様な役割を担うことができるとい

う、活動のパフォーマンスに関して認識を深めるべきであるということである。第二に、個別活動を活発にさせることは重要であるが、それだけでは地域問題への対応能力は限定的であり、多様な活動を戦略的にネットワーク化し、ローカルフードシステムを構築することによって、効果を発揮するということである。

　翻って、みどり戦略において食と農を結ぶ取り組みが国産農産物の消費拡大策に限定的に位置づけられていることは、取り組みが発揮できる潜在的パフォーマンスに対して期待値が低すぎるものであり、それ自体が活動を限定されたものに抑え込んでしまう可能性がある。また、取り組みについては食育、地産地消、直売所、市民農園など用語としては網羅的に記述されていることを先述したが、それらを戦略的に横方向にネットワーク化する意識はみどり戦略に読み取ることはできず、やはり食と農を結ぶ取り組みが担える役割に対する認識が不十分であり、過小評価していると言わざるを得ない。

## （2）食育を起点とする地域形成―墨田区での食育の取り組み―

　東京都墨田区は典型的下町であり、第一次産業は存在しない。その地で始まった食育がすみだ方式として注目されている。墨田区食育基本計画が2007年に行政主導で策定された。当時の区担当者Ａ氏は、「食育を行うには、食の豊かさやその可能性を大きく広げておくこと、つまり食育の環境づくりから取り掛かる」必要があり、環境づくりとは「人づくり、人のつながりづくり」だと考えた。また、人づくり、人のつながりづくりを「区民運動として広げることが必要だ」と考えた。区民を巻き込むため、食育推進リーダー育成講習会が開催された。その講座は食育関連の講座にみられる料理教室のようなものではなく、食育の全国事情や、各部署の担当職員による食育のあり方に関する講義であった。講座には50、60代の女性や区内の企業から参加があり、受講を修了したメンバーによってリーダー会が立ち上げられた。リーダー会は、行政と協働しながら食育に関わる様々なイベントを主導する主体として、2010年に「すみだ食育 good ネット」（以降、goodネット）へと展開した。goodネットは、リーダー会のメンバーを中核に、区民、地域団体、NPO, 事業者、企業、大学等の関係

者が集まったもので、「すみだらしい食育文化」を育むまちづくりを目指して食育活動を始めた。goodネットは、参加型食堂である「すみだ街かど食堂」、プランターで野菜を育てる「すみだ農園」、区民を対象とした「食品ロス削減セミナー」、料理講習会である「エコクッキング」を開催するなど、食育に関連した活動を中心的に行っている。2011年に策定された第2期食育推進計画ではgoodネットが食育活動を推進する主体の1つとして位置づけられるなど、行政との連携が密にとられている。一方、区役所側では保健計画課に食育専任担当を配置し、学校教育、防災、福祉、環境、観光など各部署も食育に取り組む横の連携が取られており、組織を挙げて食育が取り組まれている。

　本節の冒頭に区担当者が述べていた「食育の環境づくり」に関しては、goodネットが立ち上がったことによって、区民主導の食育環境が整えられたと考えられる。その成果の1つとして、墨田区とgoodネットが主催する「すみだ食育フェスティバル」を起点として活動が始められた「すみだ青空市ヤッチャバ」（以下、ヤッチャバ）の事例を紹介する。ヤッチャバは若者が自由な発想で区内の数カ所で仕掛けるイベントとして始められ、2013年からは毎週土曜日に現在の活動場所で開催する形に定まり現在に至っている。ヤッチャバでは、大学生がつながりのある農家を呼んで直売する、フードバンクへの寄付窓口として食品を受け付けるブースを立ち上げる、栽培に関わっている山形県の大豆を使った納豆の販売を行うなど、個々人の人のつながりや思いを形にする場となっている。また、ヤッチャバがきっかけで、区民を募って千葉県多古町に農作業の手伝いに出かけたり、中学生のB氏は、ある農家のヤッチャバでの販売を手伝っている。そのきっかけは、B氏が小学生の時にその農家と知り合って、田植えや稲刈りを手伝うようになったことにあり、それが現在のようなヤッチャバでの手伝いにつながっている。今では、その農家の産直野菜について、品種や味の特徴など豊富な知識を持ち、それを客に説明することで販売を手伝っている。墨田で生まれ育ったC氏は、ヤッチャバで農家と知り合ったことを大きなきっかけとして、千葉県印西市で新規就農した。C氏は2021年から「ほったらかし農園」という屋号を掲げて、ヤッチャバで在来種を中心に無農薬で育てた野菜を販売するようになった。今年から出店するようになったのは、ヤッ

チャバで販売してもいいレベルであると、自身で納得ができる農作物が生産できるようになったからだという。

## （3）小括―2つの事例から学ぶ点―

　みどり戦略において、生産者・消費者の「行動変容」の必要性が強調されているが、言葉の示す具体像やそのための具体的な方策は記述されていない。墨田区において食育を中心に活動が展開されてきたが、それは、若者らの自主的な活動や新規就農など、食育に収まらない多様な活動と成果をもたらした。ヤッチャバの事例にみられる関係者の生き方へ及ぼした変化は、まさに「行動変容」の内容や結果の具体例として認識されるべきものである。生産者と消費者が直接触れ合うことによって、互いに思いや人生、農業や農村の素晴らしさと疲弊、食習慣、貧困、環境に関する社会情勢などを感じ取ることができる。そうした直接触れあうことが行動変容を促すには効果的であり、行動変容を消費拡大に結びつけるための手段としてのみ捉えることは、行動変容がもたらす効果をあまりに過小評価していると言わざるをえない。

　また、組織の面からみたとき、トロント市と墨田区の事例には相似形とも思えるほどの共通点がみられることが注目される。すなわち、①活動の前提となる価値や目的が明文化されており、②方向性を決定したり中心として実行する民主導の組織があり、③部署横断型の行政側窓口が民主導の組織をバックアップしていることである。①については、トロント市ではトロント食料憲章、墨田区では食育推進計画がそれに相当する。②はトロント市においてはTFPC、墨田区ではgood ネット、③ではトロント市において公衆衛生課、墨田区では保健計画課が相当し、どちらも部署横断による対応を実現している。また、どちらも行政が民主導の活動のバックアップに徹していることが、活動全体の活性化に寄与していると考えられる。こうした、組織論的な分析は十分に進んでいないが、みどり戦略において、「行動変容」によって食と農を結ぶことに実効性をもたせるには、今後重要な論点となるであろう。

## 3．食と農を結ぶ「場」と「担い手」——宇都宮市でのフードシェッドとフードシチズンに関する調査——

　次に、みどり戦略に欠けている重要な視点を示したい、すなわち、食と農を結ぶ「場」である。IT技術の進展した現代において2点間の現実の距離が意味を持たない場面が多くなってきた。それは食と農を結ぶ場合においても同様であり、ネット空間で農産物のやり取りがなされるのは日常的な光景になっている。このようなネット空間における場を否定するものではないが、あえて「場」としての地域の重要性を強調したい。また、消費者の行動変容について深掘りしたい。ここで議論を進める際のキーワードは、「フードシェッド」と「フードシチズン」である。フードシェッドとは、食がどこで生産され、どのような流通経路を経て届くのかを捉える概念で、尾根を境に雨水が集まる範囲を示す集水域（ウォーターシェッド）に生産から消費までの範囲をなぞらえたものである。また、この概念はグローバルなフードシステムへの批判から導かれており、持続可能なローカルフードシステムを構築する「場」として想定されてもいる。フードシェッドとは、地域で生きることのリアリティを人々に実感させるためのツールであり、フードシェッドを人々が認識することによって、特定の地域とのつながりに責任感を持つようになると述べられている（Kloppenburg et. al. 1996）。また、もう1つのキーワードであるフードシチズンとは、企業が供給する食を受動的に消費するのではなく、生産、流通、消費、廃棄の各段階が環境や社会格差などへ及ぼす影響を認識して食選択でき、持続可能なフードシステム構築のために行動する人々のことである。すなわち、フードシェッドを認識して特定の地域とのつながりに責任感を持つようになった人々を、フードシチズンとして捉えることができる。2つの概念を現実に引きつけて考えてみることによって、みどり戦略において明確化されていない、行動変容がもたらされる場と行動変容の内容が理解されるであろう。

　フードシェッドを現実の地域と対応付けて特定するため、本稿では、地域の居住者一人ひとりに個人のフードシェッドがあり、それを多数重ね合わせた範囲が地域のフードシェッドと考える。宇都宮市内の直売所利用者に自分の食べた野菜の産地を記入してもらい個々人のフードシェッドとし、それを全体で解

析することによって宇都宮市民のフードシェッドを明らかにした。消費量の多かった上位7品目の野菜は、宇都宮市産の割合が48％であった。さらに、隣接した5市町を含めるとその割合は60％に上ることが明らかになり、隣接5市町を含めた地域の範囲をフードシェッドと捉えることができることがわかった。しかし、調査で示した数値は、公式に宇都宮市の自給率とされる25％（宇都宮市農政課）とは大きくかけ離れていた。公式の数値は市場統計に基づいて算出しているため調査結果と大きく異なる数値になったと考えられた。このことは、市場外流通は見える形になっていないため、宇都宮市民の食を近隣を含めた地域の農業が支えている実態を市民も行政も認識しづらい状況にあるということを示している。自分の食べ物が生産されている地域であることを自覚すると、その地域の環境や農地・農業のあり様は自分の食のあり様や健康と関係することに気がつく。そうした想像力が働かせられるのも、自分のフードシェッドが明確になってこそだといえる。一人ひとりがフードシェッドを明確に認識することによって、特定の地域との関わりや責任感が生まれ、援農や農地管理など農に関わるきっかけになると考えられる。このような個々人の生活を支える場の明確化と関係性の自覚が行動変容につながるのであり、その場こそが行動変容による社会変革がもたらされる範囲である。

　次に、消費者に求められる行動変容の実態について検討してみる。宇都宮市の小学生の保護者を対象に、野菜の購入場所や地産地消に対する意識など食選択と食行動について尋ねたアンケートを行った。594人から寄せられた回答からは、消費者を4群に分けることができた。食や農の活動に取り組んだ経験がありかつ宇都宮市産を意識的に購入している人（A群）、食や農の活動を行っているが宇都宮市産を意識的に購入していない人（B群）、食や農の活動は行っていないが宇都宮市産を意識的に購入している人（C群）、食や農の活動に取り組んでおらず宇都宮市産を意識的に購入していない人（D群）である。各群の割合は、A群が15.0％、B群が15.8％、C群が22.7％、D群が46.5％であった。詳細な分析は、西山・児玉2021を参照いただきたいが、A群は農業への知識や情報を持ち、支援活動などにも積極的であり、行動する消費者としての傾向がみられた。この群が、フードシチズンに最も近い人たちである。B群は自家

栽培などには取り組んでいるが、農業に対する知識や地域農業への関心は薄く、C群は食農活動には取り組んでいないが、農業に対する知識や地域農業への関心が高い群である。B群に対しては地域農業につながる機会や知識を提供することによって、C群に対しては活動に参加する機会を提供することによって、A群への移行が期待できる群である。D群は食や農の活動も、地元産を意識的に購入することもしていない無関心層であり、全体の半分弱を占めていた。D群が最大であるが、行動変容を求めるには最も困難な群である。したがって、A群を効果的に増やすには、B群やC群を対象にアプローチするのが得策であることが予想される。誰に何を提供し行動変容を促すのか、ターゲットとアプローチを明確に絞って対応することにより、効果的に行動変容を促せると考えられる。

　みどり戦略において行動変容の必要性が繰返し記されているように、食と農の結びつきに限らず、みどり戦略が効果的に機能し、わが国の農業や農村が輝きを取り戻すには、根本的には関係者の意識の変化が行動変容として現れることなしには達成し得ないと考えられる。行動変容をもたらすためには、生産者や消費者の意識や行動を把握し、きめ細かく対応策を打つ、それを積み重ねる以外になく、その延長上に地域の自給率、ひいては農政の大目標である国レベルの自給率向上が目指せるものと考える。

## 4．まとめ

　みどり戦略で目標としている持続的な食料システムの実現において、食と農を結ぶ取り組みは、国産農産物の消費拡大策に位置づけられている。しかし、トロント市や墨田区の事例にみたように、食と農を結ぶこと、さらに取り組み同士を連携させることにより、地場農産物の消費拡大にとどまらない、むしろコミュニティ形成や貧困問題への対応など、幅広い成果が得られることが明らかである。みどり戦略において、消費拡大策としてのみ位置づけて政策が立案された場合、食と農を結ぶ取り組みの潜在力を抑制してしまう可能性があることを強く危惧する。

　みどり戦略に、食や農に関わる関係者の行動変容が不可欠であることが明記

されたことは高く評価できる。しかし、行動変容を促す方法や行動変容の内容は具体的な記述がほとんどなく、政策として現実化するには食と農との関係をもう一段深く考察を加える必要があるように思われる。そこで本稿で示した概念はフードシェッドとフードシチズンである。トロント市や墨田区の事例からも理解されることであるが、関係者が「場」としての地域を共有することが行動変容には重要であり、場を規定するのが個々人の食が依存している範囲であるフードシェッドである。フードシェッドを明確化することによって、自分の食を満たしている地域がリアリティをもって理解でき、行動変容のきっかけになると考えられる。本稿ではフードシェッドを明確化する試みを紹介し、それによって統計資料からは得られないフードシェッドの実像が得られたことを示した。また、フードシェッドにおいて、食と農を結ぶ当事者となり得るのがフードシチズンであり、行動変容とは、消費者をフードシチズンへ変容させることである。本稿では、食選択と食行動から消費者を類型化し、宇都宮市の事例においては、およそ半数がフードシチズン、あるいはフードシチズン予備軍とも呼べる消費者であることが判った。また、フードシチズン予備軍をフードシチズンへと変容させるには、類型に応じたアプローチが必要であることを指摘した。

　自分の住んでいる、生きる場としての地域と自身の食生活との関連が、食行動という範囲にとどまらず、社会貢献や地域でのボランティア活動などライフワークにも関わる行動変容を引き出しうる。そうした生き生きと地域で活躍する住民が、地域ごとに食や農の新しい関係を構築したとき、地方分権にも通じる多様で活力のある農業や農村の姿が現れるものと考える。市民主導のトロント市や墨田区の事例では、食と農の未来の姿への種まきが既に行われており、その開花を心待ちにしたい。

## 引用文献

西山未真・児玉剛史（2021）、「ローカルの範囲と食の担い手」農業と経済 Vol.87 No.4、pp.41-47.

Kloppenburg et al. (1996)," Coming into the foodshed ", Agriculture and Human value,

Vol.13、pp.33-42.

西山未真（2021）、「食と農の関係からみた持続可能な社会の展望—ポストコロナ社会を見据えて—」農業経済研究、92巻2号、pp.146-158.

〔2021年12月31日　記〕

# 第11章　中国版農業のグリーン化の背景と狙い

菅　沼　圭　輔

## 1．はじめに

　中国語では農業のグリーン化は「農業緑色発展」と表現される。2015年に初めての農業グリーン化計画である「全国農業の持続可能な発展計画（2015～2030年）」（以下、2015年計画）が制定された。そして、2021年に「第14次5か年計画期全国農業グリーン化計画」（以下、2021年計画）が制定された[1]。この2つの計画はそれぞれ第13次と第14次の国民経済社会に関する5か年計画が制定されたタイミングで作られたが、2021年計画は2015年計画の基本的な部分を引き継ぎ、農業グリーン化推進のための補助制度の具体化等の改良を加えたものになっている。

　農業グリーン化計画制定の背景には、農業政策が食糧作物の増産追求から農業の競争力強化とともに農業グリーン化を重視する方向へ転換した事情がある。食糧作物（中国語では糧食作物）とは、稲、小麦、とうもろこし、大豆に雑穀、芋類を加えた主要食料のことである。中国の食料安全保障の考え方も、中国農業の現実の競争力を踏まえて食糧作物の国内増産一辺倒ではなく国内生産を安定させつつ国際的な市場、資源も利用することを考慮するように変わってきている[2]。

　しかし、国内生産の安定と農業のグリーン化を両立させることは本当に可能なのであろうか。そこで、本章では食糧作物を主な対象として、以下ではまず2015年計画の概要を整理する。次に、2021年計画の制定までに補助制度の整備が進んだ経緯を農業政策の転換と関わらせて明らかにする。最後にグリーン化推進のために導入された新しい補助制度の実効性と課題について検討する。

## ２．2015年の農業グリーン化計画の概要
## （１）2015年計画制定の背景と目的

　2015年計画では、まず2004年以降11年間連続の食糧増産が達成されたことにより、「主食用穀物の完全自給と食糧作物全体の基本的自給」の維持が必要であるものの、農業発展の持続可能性にも目を向けることが重要になったとの認識が示されている。

　その内容を見ると、農業のグリーン化には３つの狙いがあることが分かる。１つ目は食糧増産追求により農業自身が抱えることになった持続可能性に関わる問題を解決することである。つまり、化学肥料や農薬の多投、さらに山間・乾燥地域での過剰耕作が引き起こした土壌劣化や水の過剰利用の問題を、有機質投入・節水技術の導入や耕地の林地・草地への転換等によって解決し、「食糧を農地に蓄え、食糧を技術に蓄える（蔵糧於地、蔵糧於技)」ことで長期に備えることである。２つ目は工業化や都市化の農業への影響、例えば転用による耕地の減少や土壌・水質汚染を食い止めることである。３つ目は農畜産業廃棄物の発生による農村の生活環境の汚染を無くすことである。稲わら等の副産物や畜産廃棄物の資源化利用の推進がこれに該当する。

## （２）農業グリーン化対策の骨子

　2015年計画では３つの分野に分けて農業グリーン化対策が示されている。2015年と2021年の計画目標を整理した表11－1を用いて要点を整理しよう（各指標の定義は注を参照)。

　第1は農業資源の保護で、最初に農地資源の保護が挙げられている。そこには①耕地面積約1.2億 ha を維持し、長期的に保護する政府指定の「基本農地」１億300万 ha を守ること、②耕地の質を高めるために、農作物の副産物の耕地への還元、有機肥料の投入、緑肥の栽培等を進めることが含まれている。表11－1に示したように2015年計画では耕地等級を2020年までに0.5等級上げる目標が示されている。2021年計画の目標はプラス0.18であるから、かなり意欲的な目標であったといえる。次に水資源保護のために、①農業用水の総量規制、②節水灌漑等水利用を減らす技術の普及、③内陸乾燥地域での小麦作付抑制、

表11−1　中国の農業グリーン化の主要目標

| 分野 | 主要指標 | 2015年「全国持続可能な農業発展計画」 | | 2021年「第14次5か年計画期農業グリーン化計画」 | |
|---|---|---|---|---|---|
| | | 2020年目標 | 2030年目標 | 2020年現状 | 2025年目標 |
| 農業資源保護 | 全国の耕地等級（単位：級）[1] | +0.5 | +1.0 | 4.76 | 4.58 |
| | 灌漑水有効利用係数[2] | 0.55 | 6.00 | 0.56 | 0.57 |
| 産地環境保全 | 主要農作物化学肥料利用率（単位：%）[3] | 40.0 | — | 40.2 | 43.0 |
| | 主要農作物農薬利用率（単位：%）[4] | 40.0 | — | 40.6 | 43.0 |
| | 農作物の副産物総合利用率（単位：%）[5] | 85.0 | — | 86.0 | 86以上 |
| | 畜産糞尿総合利用率（単位：%）[6] | 75.0 | 全面利用 | 75.9 | 80.0 |
| | 使用済み農業用ビニール回収率（単位：%） | 80.0 | — | 80.0 | 85.0 |
| 生態環境保護 | 劣化耕地増加対策面積（単位：万ha）[7] | — | — | — | 93.3 |
| | 東北・内蒙古黒土保護利用拡大面積（単位；万ha） | — | — | — | 666.7 |
| グリーン産業発展 | 緑色食品・有機農産物・地理表示農産物認証数（単位：万件） | — | — | 5.0 | 6.0 |
| | 農産物品質安全検査合格率（単位：%）[8] | — | — | 97.8 | 98.0 |

資料：「全国農業可持続発展規画（2015−2030年）」、中共中央・国務院「関於創新体制機制推進農業緑色発展的意見」（2017年9月）及び「"十四五"全国農業緑色発展規画」より筆者作成。
注：1）国家基準「耕地質量等級」（GB/T 33469-2016）では耕地の土壌を耕土層の厚さ、成分、有機質含有量、土壌構造、生物多様性、排水状況、アルカリ度等の指標で10等級に区分しており、1等級が最も高いとされている。表中の2020年の欄は2019年の値。
　　2）灌漑水有効利用係数＝純用水量÷粗用水量（全国農田灌漑水有効利用系数測算分析課題組「全国農田灌漑水有効利用係数測算分析技術指導細則」2015年12月による）。
　　3）主要農作物化学肥料利用率＝吸収量÷施肥量
　　4）主要農作物農薬利用率＝農薬沈着量÷農薬投入量
　　5）農作物副産物総合利用率＝副産物利用量÷副産物回収可能量（国務院弁公庁「関於印発編制　十三五秸稈総合利用実施方案的指導意見的通知」による）。
　　6）畜産糞尿総合利用率＝畜産糞尿資源化利用量÷畜産糞尿排出量
　　7）土壌の酸化・アルカリ化など等級の下がった耕地面積のうち、指定地域（県）で対策を行った面積。
　　8）政府農業農村部が行う都市部の野菜・果物・茶葉の産地、卸売市場、畜肉処理場、輸送車両を対象に行うサンプル安全品質検査の合格率。

飼料作物への転作といった土地利用の改善等が提起されている。②について2015年計画では灌漑水有効利用係数を10年間で0.05引き上げる目標が掲げられているが、2021年計画では5年間でプラス0.01と控えめな目標に修正されている。

　第2は産地環境の保全で、①化学肥料と農薬の利用効率を高めそれぞれの利用率を40％に引き上げること、②低毒性の農薬利用拡大や農薬残留のコントロール推進のために共同防除率を40％に高めること、③農作物の副産物の野焼きを禁止し、耕地への還元など副産物の総合利用率を85％にすること、④家畜糞

尿の処理と資源化利用の割合を75％まで引き上げること、⑤農村の水質汚染を防止すること等の目標が示されている[3]。2021年計画にある2020年時点の現状と比べると、2015年計画の５つの目標はほぼ達成されていたことが分かる。

　第３は農業の生態環境を回復することである。そこでは森林被覆率の向上、草原の保護、水生生物の保護と生物多様性の維持等が目標とされている。表11-１に示した生態環境回復の目標を見ると、この分野は農業資源保護対策にも通じる分野であることが分かる。

## （3）農業グリーン化の地域別対策

　これら３分野の対策は３つに区分された各地域固有の課題と対策に落とし込まれている。表11-２は農業のグリーン化と食糧生産の関係を考えるために、2015年計画の農業のグリーン化政策の地域区分と食糧作物の主産地（価格支持政策の対象地域）とを対照させたものである。

　１つ目の最適化開発地域は、食糧主産地である東北地域、華北平原、揚子江中下流域とほぼ重なり、耕地・水資源の過剰利用、化学肥料・農薬の過剰投入と環境汚染という課題が存在する。例えば、東北地方では、1,853万 ha ある黒土地帯を中心にエロージョン、土壌劣化対策が課題となっており、①有機肥料の投入増や大豆を入れた輪作拡大、②三江平原等ジャポニカ米産地での地下水灌漑抑制と用水路整備による地表水利用の効率化が進められることになっている。華北平原では、①地下水の過剰汲み上げの抑制、②化学肥料・農薬の投入抑制、③農畜産業廃棄物の資源化利用による農畜循環システムの確立が求められている。揚子江中下流域では、華北平原の②と③の対策に加えて工業化・都市化による耕地・水資源の重金属汚染の解消が課題とされている。このように食糧主産地では土地利用の変更にまで踏み込んだ対策が求められているのである。

　２つ目の中程度発展地域には水稲主産地の四川、広西も含まれるが内陸地域の丘陵地、山間地域および乾燥地域が該当している。多くが食糧の移出向け産地ではないため、農業の資源・環境保全との両立がテーマとなっている。例えば、西北・長城沿線地域では、①乾地農法の普及、②小麦からとうもろこし・

表11-2　農業グリーン化政策の地域区分と食糧主産地の分布

| 地域区分 | | 地域範囲 | 価格支持政策実施地域 | | |
| --- | --- | --- | --- | --- | --- |
| | | | 水稲 | 小麦 | とうもろこし、大豆 |
| 最適化開発地域 | 東北地域 | 黒竜江、吉林、遼寧 | ○ | | ○ |
| | | 内蒙古（東部） | | | ○ |
| | 華北平原（黄河・淮河・海河流域） | 河北（中南部）、山東 | | ○ | |
| | | 河南、安徽、江蘇（北部） | ○ | ○ | |
| | | 北京、天津 | | | |
| | 揚子江中下流域 | 江蘇、江西、湖南、安徽（中南部） | ○ | | |
| | | 湖北 | ○ | ○ | |
| | | 上海、浙江 | | | |
| | 華南地域 | 福建、広東、海南 | | | |
| 中程度開発地域 | 西北・長城沿線地域 | 新疆、寧夏、甘粛、山西、陝西（中北部）、内蒙古（中西部）、河北（北部） | | | |
| | 西南地域 | 四川（東部）、広西 | ○ | | |
| | | 湖北（西部）、湖南（西部） | | | |
| | | 貴州、重慶、陝西（南部）、雲南 | | | |
| 保護強化地域 | 青海・チベット地域 | チベット、青海、甘粛、四川（西部）、雲南（西北部） | | | |
| | 海洋漁業地域 | 領海内海域 | | | |

資料：「全国農業の持続可能な発展計画（2015～2030年）」に基づいて筆者作成。

馬鈴薯への転換による用水節約が、また傾斜地の多い西南地域では耕地から林地・牧草地への転換（中国語は退耕還林・退耕還草）を進めることが提起されている。

　3つ目の保護強化地域には青海・チベットという高原地域が含まれ、自給用作物の生産以外は耕地から牧草地への転換により草食家畜の飼育を拡大すること等生態環境の保全に重点が置かれている。

　以上が2015年計画の骨子であるが、それらは現在にも引き継がれている。ただし、農業グリーン化のために補助・奨励金を出すべき分野を示したにとどまり、補助制度の整備は先送りされた。

## 3．2021年の農業グリーン化計画と農業政策の転換
## （1）2021年計画のポイント

　2021年計画は2015年計画と比べて、主に2つの点で改良がなされている。1つ目は、2015年で指摘されていなかった農業のグリーン化に対応した農産物の加工・流通システムを整備するために農業生産の「三品一標」アクションプランが制定されたことである。これは良質商品、高品質商品、ブランド商品（三品）の標準化生産（一標）を実践する産地を育成し、差別化した取引の仕組みを作ることを内容としている。この「三品」に含まれるものは、農薬残留をコントロールした「緑色食品」農産物、有機農産物、地理表示農産物の認証を受けたものである（表11－1参照）。産地づくりは県政府がモデル地域を指定し、その地域に配分された農業補助金や他の財政資金等を使って進めることになっている[4]。

　2つ目は、耕地地力保護補助金や輪作・休耕補助金等農業グリーン化を目的とした補助制度の実施が具体的に示された点である。個別の取り組みでも補助制度の活用が具体的に指示されている。例えば、2021年に公表された東北黒土地帯の耕地保全プロジェクトのプランでは、既存の農業機械購入補助金をエロージョン対策や副産物の処理と耕地への還元に必要な作業機械購入にも給付すること、さらに耕地地力保護補助金や輪作休耕補助金を給付することが盛り込まれている[5]。また、2019年の華北平原の地下水過剰汲み上げの抑制プランでは、その実効性を高めるために耕地地力保護補助金を給付する条件として点滴灌漑等の節水技術の採用、冬小麦等の栽培抑制や冬季休耕による用水量の抑制、地表水・天水利用への転換等を義務付けることが定められている[6]。さらに、稲わら等の農作物の副産物の資源化利用については、副産物の回収、保管、加工、輸送ビジネスに助成を行うこと、黒竜江省では副産物の鋤き込み作業、青刈りとうもろこしのサイレージ化を含めた飼料化に対する費用補償を行うことや農業機械購入補助制度の対象に副産物処理の機械化を含めることを定めた方針が出されている[7]。

## （2）農業のグリーン化に向けた農業政策と補助制度の転換

　本章の冒頭で、農業のグリーン化計画制定の背景に農業政策の転換があったことに触れた。2021年計画制定とその前後に、今紹介したような農業グリーン化の実効性を担保する補助制度が整備されたことは、農業政策の方針転換を不可分である。

　そこで、以下では、農業政策が農業グリーン化の方向に転換し、補助制度の整備まで進んだ経緯を見ていく。2015年計画の制定を境として、それ以前の2004年から2014年頃までの食糧増産推進期と2015年以降の農業グリーン化推進期に区分して考察する。

　2004年の食糧増産推進期は次のような事態を背景として始まった。図11－1には2000年以降の食糧作物生産量と5か年計画の目標生産量、そして主要作物の作付面積の動きを示したが、2000年以降の動きに着目すると、2003年まで食糧生産が落ち込み、4億3,000万tと点線で示した5か年計画の目標値5億tを大きく下回るまでになったことが分かる。そこで、政府は食糧生産量を回復するために、2004年以降に生産者直接支払い補助金と価格支持政策を導入した。

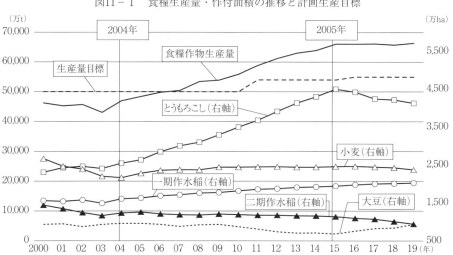

図11－1　食糧生産量・作付面積の推移と計画生産目標

資料：国家統計局農村社会経済調査司編『中国農業統計資料（1949-2019）』中国統計出版社、2020年6月。
注：とうもろこし等作目別の数値は作付面積（万ha）。

これが食糧増産推進期の始まりである。

　直接支払い補助金は現在のグリーン化のための補助金の前身となる所得支持の制度である。ここには、市場価格低迷時の損失補填のための食糧作物直接補助金、優良品種普及のための優良品種作付補助金、肥料・農薬価格の高騰を背景に導入された生産資材総合補助金という3つが含まれ、いずれも農家を含む生産者に直接支払われた。さらに農業機械購入補助金を創設し、政府指定の機械を低価格で購入できるようにして機械化を後押しすることになった。

　同時期に表11－2に示した食糧主産地を対象とした価格支持政策も始まった。2004年には稲の、2006年からは小麦の最低価格買付政策が始まり、また2006年にはとうもろこしの、2008年には大豆の臨時買付保管政策が始まった。作目ごとに制度は異なるが、いずれも産地価格が低迷した場合（稲・麦については前年に公表される最低買付価格を下回った場合）に、国営の食糧備蓄会社が政府の委託を受けて買付介入を行って産地価格を引き上げ、生産者の損失を回避する制度である。政府が買い入れた穀物は、一定期間備蓄された後に競売方式で処分されるが、それまでの買付や政府在庫の保管にかかる費用や売却時に逆ザヤが発生した場合の損失は財政負担となる。

　これらの政策が食糧増産を後押しし、図11－1に示したように生産量は急速に回復し、また作付面積もとうもろこしと一期作水稲を中心に拡大した。そして食糧生産量は2008年に生産目標を上回り、2015年には目標を1億t以上上回るまでになった。

　ところが、2010年頃から国内価格が国際価格を上回る内外価格差が拡大し、WTO合意に基づく関税割り当て枠内の輸入が増大したのである。安価な穀物輸入の増大は国内の市場価格を押し下げ、食糧備蓄会社にあるとうもろこしや稲の政府在庫の売却を難しくし、在庫膨張をもたらした[8]。

　このことがきっかけで、食糧増産路線の修正が始まった。その第1は、農業競争力の強化を重視するようになったことである。大規模経営を育成し、直接支払い補助金の一部をそこに傾斜配分するという補助制度の調整が始まった。第2は食糧安全保障に関する方針、特に輸入に対する見方に変化が現れた点である。2014年になると、「輸入を適度に行う」として輸入増大の現実を積極的

に捉えるようになった。そして、海外における農業開発を行い、安定的に輸入
できるようにすることも提唱されるようになった。第3は農業の持続可能な発
展が農業政策の重点目標に加えられたことである[9]。これが2015年計画制定に
つながったのである。

　ただ、輸入増加に脅かされる国内生産を守るために稲・小麦といった主食用
穀物については最低買付価格が引き上げられるなど食糧増産推進の仕組みから
脱却するには至らなかった。

　2015年計画制定後の農業グリーン化推進期に入ると、食糧増産路線からの脱
却の動きが本格化した。まず、2017年の農業政策方針では、供給過剰と不足の
併存という現状認識が示され、農産物の品質向上や競争力強化のために土地利
用構造の調整と大規模経営の育成を進めることが目標として示され、加えて農
業生産をグリーン化の方向に転換させることも提起された。この土地利用構造
の調整は、良質米や硬質小麦の生産拡大、非主産地のとうもろこしの作付け削
減と大豆作の拡大等を内容としており、競争力が無い産地を食糧生産から撤退
させようとするものであった。農業生産のグリーン化の内容はほぼ2021年計画
と同じものがすでに示されていた。

　2016年には補助制度の改革も始まった。この改革にはグリーン化の推進と同
時に、WTOの「黄色の政策」に該当する補助制度を「緑の政策」に該当する
ものに変えていこうという意図が込められている。改革の第1は2004年に始ま
った3つの直接支払い補助金を廃止して農業支持保護補助金に一本化し、大規
模経営の育成や農業生産の安定、そして農業のグリーン化の分野を支援するこ
とになったことである。先に述べた耕地地力保護補助金や輪作休耕補助金等は
ここに含まれ、グリーン化の取り組みによって発生する追加的費用の補償を目
的としている。第2は価格支持政策について、2015年以降稲・小麦の最低買付
価格の据え置きと引き下げが行われ、とうもろこしと大豆の臨時買付保管制度
が2015年と2013年に相次いで廃止され、それらの補完・代替措置として生産者
補助金が導入されたことである。この補助金は価格変動リスクに対する補填を
目的としている[10]。

　このように農業グリーン化推進期には、農業グリーン化政策が農業競争力の

強化、生産安定と並ぶ政策の重点として位置づけられるようになり、補助制度とセットで完成していったのである。補助金による裏付けができたことで、農業グリーン化の方向は不可逆的なものになったと言えよう。

　ところがこの時期に大豆を除く食糧作物の作付面積の減少が進んだ（図11－1参照）。とうもろこしは2015年の4,497万 ha をピークとして2019年には4,128万 ha に減少した。一期作水稲は作付け拡大の動きが鈍化し、元々減少傾向にあった二期作水稲の作付面積は一層減少した。その結果、食糧作物の生産量は、2015年以降ほぼ6億6,000万 t の水準で増えなくなった。ただ、政府は現状では6億5,000万 t レベルを維持すれば国内供給としては十分であると認識している[11]。

## 4．食糧主産地の農業グリーン化とその課題

　次に、現在の農業支持保護補助金と生産者補助金の給付基準の例を取り上げて、生産者を農業グリーン化の方向に誘導する新しい制度の実効性について検討する。

## （1）食糧主産地におけるグリーン化補助制度の事例

　表11－3には食糧主産地である黒竜江、江蘇、湖南3省について2021年8月までに公表された農業支持保護補助金と生産者補助の単位面積当たり給付基準を整理した。

　まず農業支持保護補助金は耕地地力保護補助と輪作休耕補助、副産物還元補助に分かれている。表から分かるように地域で内容と基準が異なっている。耕地地力保護補助金は省政府が決定するので同一省内で一致しているが、そのほかは個々の市・県政府のグリーン化の内容や保護の重点に基づいて決定するためまちまちである。さらに省政府から配分される予算総額を給付対象面積で除して決定するルールも地域差を生み出していると思われる。

　また、生産者補助は目標価格制度に基づくものとされているが、表に示した以外にも多くの地域で面積当たりの定額給付となっている。

　次に補助金の内容を種類別に見ていこう。

表11－3　食糧主産地の農業のグリーン化補助金の基準例

| 省・自治区 | 市・県名 | 農業支持保護補助金（元/10a） | | | 生産者補助（元/10a） |
| --- | --- | --- | --- | --- | --- |
| | | 耕地地力保護 | 輪作休耕補助 | 副産物還元補助（作業者） | |
| 黒竜江省 | 五大連池市、慶安県 | 85.1元 | 畑地輪作実験225元 水稲休耕実験750元 | とうもろこし60元 水稲　30元 | とうもろこし57元 大豆　357元 水稲　地表水204元 水稲　地下水129元 |
| 江蘇省 | 揚州市 | 180元 | 225元 | 30元 機械化深耕鋤き込み60元 | 水稲3.3ha未満90元 水稲3.3ha以上165元 |
| 湖南省 | 岳陽市 邵陽市 | 水稲一期作157.5元 水稲二期作262.5元 | 水稲・菜種輪作　225元 | （不明） | |
| | 株州市（2019年） | 水稲一期作157.5元 水稲二期作262.5元 | （不明） | （不明） | 早稲通常品種42元 早稲優良品種51元 |

資料：各市・県の2021年（一部2019年）の「恵民恵農財政補貼資金政策清単」より筆者作成。

　耕地地力保護補助金は農地・水資源保護の実践を前提に給付されている。水稲二期作地帯の湖南省では水稲一期作と二期作で異なるが、二期作は2作分であるため高くなっている。

　輪作休耕補助金については休耕、輪作それぞれに内容が決められている。黒竜江省では黒土地帯の資源保護プロジェクトの実験地における大豆を組み込んだ輪作、水利用抑制のための稲作の休耕が対象となっている。湖南では菜種を組み込んだ水田輪作普及と休耕実施が対象となっている。

　農作物の副産物の耕地への還元補助金は、作業委託組織を含む作業実行者に対して給付される。黒竜江省では作物別に基準が設定されているが、江蘇省では機械作業の方法によって区分して設定している。

　最後に生産者補助であるが、黒竜江省では作物ごとに大きな差が設けられており、大豆の基準がとうもろこしの6倍以上に設定されており、稲作では地表水利用の稲作が手厚く保護されている。生産者補助は、本来、価格支持政策変更の補完措置であるにも関わらず農地・水資源保護推進の政策意図が反映され

ている。江蘇省では大規模経営（3.3ha 以上 ≒中国の面積単位で50畝以上）の育成、湖南省では優良品種の作付けが重視されており、ここから競争力強化という政策意図がうかがえる。

　ただ、補助金の給付は、全てを一括して生産者の預金口座に振り込まれるルールになっているため、制度ごとの意図が生産者に十分に伝わらない可能性がある。

## （2）国内市場変動と農業のグリーン化の課題

　これらの補助制度は生産者の農業のグリーン化の取り組みを誘導する点で、どこまで実効性があるのであろうか。現時点では制度施行の実態が不明であるため以下では政府統計局の行った農作物生産費調査統計から整理した黒竜江省のとうもろこしと大豆、江蘇省と湖南省の水稲について2010年から2018年までの収益状況のデータに表11 - 3 に示した補助基準を当てはめて補助金の効果について検討する。

　まず、表11 - 4 で各地の販売価格を見ると、いずれも2012年から2014年をピークとして低下していることが分かる。2018年の価格をピーク時と比べると、黒竜江省のとうもろこしは25.3％、大豆は17.1％低く、江蘇のジャポニカ稲は

表11 - 4　主要食糧作物の販売価格の推移

（単位：元 /10kg）

| | 黒竜江省 | | 江蘇省 | 湖南省 | |
| --- | --- | --- | --- | --- | --- |
| | とうもろこし | 大豆 | ジャポニカ稲 | インディカ早稲 | インディカ晩稲 |
| 2010 | 16.7 | 37.1 | 26.7 | 19.5 | 23.9 |
| 2011 | 19.6 | 39.9 | 28.2 | 23.6 | 26.6 |
| 2012 | 21.3 | 46.7 | 27.9 | 25.9 | 26.2 |
| 2013 | 21.1 | 45.2 | 29.0 | 25.1 | 25.4 |
| 2014 | 21.2 | 41.9 | 29.9 | 26.3 | 26.8 |
| 2015 | 19.2 | 37.3 | 27.4 | 25.9 | 26.5 |
| 2016 | 12.5 | 34.7 | 26.6 | 25.2 | 26.1 |
| 2017 | 14.0 | 34.9 | 28.2 | 25.0 | 26.6 |
| 2018 | 15.8 | 34.8 | 26.8 | 22.2 | 24.6 |

資料：国家発展和改革委員会価格司編『全国農産品成本収益資料彙編』（中国統計出版社）各年版による。

10.2％、湖南のインディカ稲早稲と晩稲はそれぞれ15.6％、7.9％低くなっている。2015年以降の価格低下は、価格支持政策の変化や図11－1に示した作付面積の減少と時期的にほぼ一致する。大豆のみが拡大している。これを農業のグリーン化政策の成果と即断することはできないが、とうもろこしの作付減少に対応して輪作の中に大豆が取り入れられるようになった可能性はある。

　以上を踏まえて、近年の食糧作物の収益状況を考察し、価格変動が農業のグリーン化にどのような影響をもたらすのか検討したい。

　表11－5の左半分には、黒竜江、江蘇、湖南3省の各品目の収益状況について、2010年から2014年までと価格低下後の2015年から2018年までの各期間平均値と増減額を示した。収益性の指標としては10a当たり粗収益、総費用、単収および利潤を示した。表11－5の右半分には、表11－3に示した各地の補助基準を示した。この表の収益状況と照らして補助金の実効性について検討する。もちろん、収益性の指標と補助基準では年次が異なり、湖南省については生産者補助が二期作早稲の金額しかわからないため、暫定的な分析であること理解されたい。

　まず、黒竜江省のとうもろこしと大豆についてみる。2品目とも2015年以降は2014年までと比べて単収減も相まって粗収益が減少し、総費用増加も加わって利潤額はマイナスに転じている。ここにとうもろこしの補助合計額202.1元を当てはめてみると、この金額では赤字分と利潤の減少分いずれもカバーすることができていないことが分かる。ただ、表11－3に示した大豆の作付を輪作に組み込めば225元が追加されるので、生産者補助の不足をある程度カバーできると思われる。他方、大豆については、生産者補助金が手厚いため利潤の減少をカバーでき、耕地地力保護補助金が加わることで追加的費用がかかってもグリーン化の取り組みを促すことが期待できる。

　江蘇省のジャポニカ稲は、単収が増えているが、価格低下の影響で粗収益が減少し、総費用の増大もあり利潤が減少している。生産者補助金（3.3ha以上の経営で165元）は粗収益の減少分より多いが、利潤の減少分はカバーできていない。耕地地力保護補助金や副産物還元補助を加えれば利潤減少分にほぼ相当する額になるが、グリーン化の取り組みがさらなる費用増をもたらすとすれば、十分

表11－5 主産地における主要食糧作物の収益性の変化

| 地域名 | 品目 | 期間平均値 | 食糧作物の収益状況（単位：元/10a） | | | | 参考：補助基準（単位：元/10a） | | | | | |
|---|---|---|---|---|---|---|---|---|---|---|---|---|
| | | | 粗収益 | 単収(kg/10a) | 総費用 | 利潤 | 品目 | 耕地地力保護補助金 | 副産物還元補助金 | 補助基準 | 生産者補助金 | 合計 |
| 黒竜江省 | とうもろこし | 2010-14年 a) | 1,438.9 | 706.7 | 1,113.7 | 325.2 | とうもろこし | 85.1元 | 60.0元 | | 57.0元 | 202.1元 |
| | | 2015-18年 b) | 1,054.1 | 667.6 | 1,310.0 | ▲255.9 | | | | | | |
| | | 増減 b)-a) | ▲384.8 | ▲39.1 | 196.3 | ▲581.1 | | | | | | |
| | 大豆 | 2010-14年 a) | 937.2 | 218.5 | 841.9 | 95.3 | 大豆 | 85.1元 | — | | 357.0元 | 442.1元 |
| | | 2015-18年 b) | 729.7 | 201.9 | 1,002.2 | ▲272.4 | | | | | | |
| | | 増減 b)-a) | ▲207.5 | ▲16.6 | 160.2 | ▲367.7 | | | | | | |
| 江蘇省 | ジャポニカ二カ稲 | 2010-14年 | 2,533.1 | 880.2 | 1,602.1 | 931.0 | 水稲 | 180元 | 30元 | 3.3ha未満 | 90元 | 300元 |
| | | 2015-18年 | 2,507.7 | 905.8 | 1,949.8 | 557.8 | | | | 3.3ha以上 | 165元 | 375元 |
| | | 増減 b)-a) | ▲25.5 | 25.6 | 347.7 | ▲373.2 | | | | | | |
| 湖南省 | インディカ早稲 | 2010-14年 | 1,436.3 | 590.1 | 1,246.3 | 190.0 | 二期作 | 262.5元 | — | 早稲普通品種 | 42元 | 304.5元 |
| | | 2015-18年 | 1,488.3 | 601.8 | 1,469.5 | 18.8 | | | | 早稲優良品種 | 51元 | 313.5元 |
| | | 増減 b)-a) | 52.0 | 11.8 | 223.2 | ▲171.1 | | | | | | |
| | インディカ晩稲 | 2010-14年 | 1,641.8 | 632.9 | 1,319.2 | 322.6 | | | | | | |
| | | 2015-18年 | 1,748.5 | 670.5 | 1,521.8 | 226.7 | | | | | | |
| | | 増減 b)-a) | 106.7 | 37.6 | 202.6 | ▲95.8 | | | | | | |

資料：1）収益性関連指標は国家発展改革委員会価格司編『全国農産品成本収益資料彙編』（中国統計出版社）各年版による。
　　　2）補助基準は表３の黒竜江省の五大連池市と慶安県、江蘇省揚州市、湖南省株州市（2019年）の値。
注：収益性指標の定義は以下のとおり。
　　粗収益＝主産物＋その他産物＋その他収入
　　総費用＝物財費（資料・賃料・間接費用）＋労働費（家族労働費＋雇用労働費）＋土地費用（自作地地代＋借入地代）
　　利潤＝粗収益－総費用

とは言えない。

　湖南省の二期作のインディカ早稲の収益状況を見ると、表11－4に示したように価格低下の幅が小さいため、2015年以降の粗収益は若干増えている。しかし、総費用が増えているので利潤が大きく減少している。そのため優良品種を採用しても生産者補助金で減少分をカバーすることができない。二期作の耕地地力保護補助金262.5元を加えれば補助額の合計は300元を超え、早稲・晩稲を足した利潤減少分266元を上回るが、農業グリーン化に追加的費用を要するのであればやはり補助額は十分とは言えない。

　これらの事例でみる限り、価格支持政策が縮小・廃止されて収益性が低下する局面においては、黒竜江省の大豆を除き生産者補助金が不十分であると言わざるを得ない。耕地地力保護補助金等については、農業グリーン化の取り組みがどの程度の追加的費用を要するかは不明である。だが、農業グリーン化の補助制度が有効に機能するには、まずは生産者補助金の基準見直しを含めた農業経営を安定させる策を講じる必要があるだろう。

## 5．おわりに

　以上見てきたように中国版農業のグリーン化政策は、2015年計画で基本的な内容が制定され、2021年計画の改良を経てとりあえずの完成を見た。その内容は、それまでの食糧増産追求路線によって損なわれた農業の持続可能性を回復しようとするものであり、長期の視点に立てば中国の食料安全保障に貢献できると言えよう。

　政府が農業のグリーン化重視に踏み切った背景には、2004年以降の農業保護政策の継続が難しくなり、輸入や海外の農業開発を通じた食糧確保を許容するようになった路線上の転換があった。そこに「緑の政策」拡大の政策意図も加わることで農業グリーン化政策の完成にたどり着いたのである。

　しかし、価格支持政策の後退による食糧生産の収益性の悪化は、農業のグリーン化推進にとって不利な状況をもたらしている。政策変更の影響は一時的であるかもしれないが、これまで以上に産地が価格変動にさらされる状況になったのである。農業グリーン化の補助制度が形骸化して単なる食糧生産維持の制

度に変質してしまわないためにも、グリーン化の取り組みにおいて個々の農家の負担を軽減できるようなグリーン化技術の普及・支援体制を強化し、機械作業受託組織を育成していくことが重要になっていくと思われる。

## 注

1）2015年計画の中国語原題は「全国農業可持続発展規画（2015-2030年）」、2021年計画は「“十四五”全国農業緑色発展規画」である。

2）こうした食料安全保障政策の考え方につながる提言書として、韓俊編著・安同信訳『中国における食糧安全と農業の海外進出戦略研究』（晃洋書房、2020年5月）がある。

3）「“十三五”秸稈総合利用実施方案的指導意見的通知」（2016年11月）によると、2015年時点で、農業の副産物の年間発生量は10.4億tと推計され、うち9.2億tが回収可能とされていた。そのうち、実際に資源化利用された量は80.1％の7.2億tで、用途としては肥料、飼料、燃料、敷き藁、その他の順で多かったという。

4）農業農村部弁公庁「農業生産“三品一標”提昇行動実施方案に関する通知」（2021年3月）による。

5）農業部等「国家黒土地保護工程実施方案（2021-2025年）」（2021年8月）による。

6）水利部等「華北地区地下水超採総合治理行動方案」（2019年3月）による。

7）「“十三五”秸稈総合利用実施方案的指導意見的通知」（2016年11月）及び「2020年黒竜江省秸稈総合利用補貼政策公布」（黒竜江省人民政府HP、2020年10月2日）による。

8）穀物輸入増大の経緯については、菅沼圭輔「中国―食糧の需要構造の変化と食料安全保障の課題」『日本農業年報60　世界の農政と日本―グローバリゼーションの動揺と穀物の国際価格高騰を受けて―』（第12章、農林統計協会、2014年）を参照。

9）以上は共産党中央委員会・国務院「関於加快発展現代農業進一歩増強農村発展活力的若干意見」（2012年12月31日）及び共産党中央委員会・国務院「関於全面深化農村改革加快推進農業現代化的若干意見」（2014年1月19日）による。

10）以上は共産党中央委員会・国務院「関於深入推進農業供給側結構性改革和加快培育農業農村発展新功能的若干意見」（2016年12月31日）及び「財政部、農業部　関於調整完善農業三項補貼政策的指導意見」（2015年5月13日）による。

11）2020年の農業政策方針に関する韓長賦農業農村部長の発言（「抓好“三農”領域重点工作 確保如期実現全面小康―中央農弁主任、農業農村部部長韓長賦解読2020年中央一号文件」新華網HP（www.xinhuanet.com）、2020年2月5日）による。

〔2021年10月30日　記〕

第Ⅳ部　みどり戦略がめざす農地・国土利用構造と新たな地域社会の実現

# 第12章　みどり戦略と構造再編
―有機農業100万ha実現のための方策としての生産調整の抜本的変革―

安　藤　光　義

## １．はじめに
### ―環境保全型農業をすそ野に有機農業へ高めていく方向―

　みどりの食料システム戦略（以下、みどり戦略）の背景について農林水産省は「SDGsや環境を重視する国内外の動きが加速していくと見込まれる中、我が国の食料・農林水産業においてもこれらに的確に対応し、持続可能な食料システムを構築することが急務」となっており、「食料・農林水産業の生産力向上と持続性の両立をイノベーションで実現する「みどりの食料システム戦略」を策定」することになったと説明している[1]。この説明にあるようにポイントはイノベーションにあり、「生産」の分野では「イノベーション等による持続的生産体制の構築」が目標として掲げられ、農業に関わるものとして「高い生産性と両立する持続的生産体系への転換」「機械の電化・水素化、資材のグリーン化」「地球にやさしいスーパー品種等の開発・普及」「農地・林地・海洋への炭素の長期・大量貯蔵」「労働安全性・労働生産性の向上と生産者のすそ野の拡大」などが課題とされている[2]。温暖化対策を含む農業の環境負荷の軽減と生産基盤の弱体化を受けた生産性の向上の２つを狙いとし、スマート農業等のイノベーションでその実現を目指す、優れて技術開発指向的政策ということができるだろう。

　2050年までの数値目標が設定されているが、農業生産との関係で重要となるのは、（１）農林水産業の$CO_2$排出量の実質ゼロ化、（２）有機農業を全農地の

25％（100万 ha）に拡大、（3）化学農薬の使用量半減、（4）化学肥料の使用量
3割減、（5）化石燃料を使用しない園芸施設への完全移行などである。ある
意味、有機農業、あるいは環境保全型農業への全面的な転換を推進することが
宣言されたとすることができるのではないだろうか。しかしながら、現在まで
のところ、有機農業や環境保全型農業はそれほどの実績は挙がっていない。有
機農業については、2009年から2018年にかけて有機農業の取組面積は大きく45
％の増加となったものの、その面積は23万7,000haにすぎず、耕地面積全体の
わずか0.5％を占めるに過ぎない。有機農業を全農地の25％にまで拡大すると
いう数値目標の実現は2050年とはいえ、相当なギャップが存在している。農林
水産省の資料（図12-1）によれば、有機農業は国際的に行われている有機農
業の取組水準を頂点としたピラミッドとして描かれている[3]。この最上位に位

図12-1　有機農産物

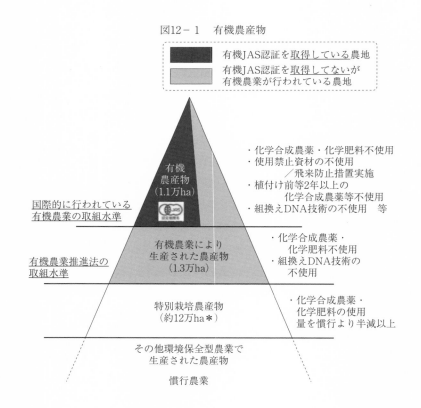

置する有機農業が1.1万 ha、その次の有機農業推進法の取組水準をクリアする
ものが1.3万 ha あり、その下に化学合成農薬・化学肥料の使用量が慣行栽培よ
りも半分以上削減した特別栽培農産物が12万 ha、さらにその下にその他環境
保全型農業で生産された農産物が位置づけられている。

　有機農業や環境保全型農業に対するこうした把握を前提とすれば、イノベー
ションによるブレークスルーで一気に目標を達成するのではなく、有機農業の
すそ野を広げていくとともに、その高度化を進めることがみどり戦略の基本的
な推進方向ではないかと考える。これまでの取り組みの延長線上にしか未来は
ないということでもある。そこで以下では、環境保全型農業直接支払交付金の
実施状況、農業センサスにみる環境保全型農業・有機農業の取組状況など現状
についての確認作業を行ったうえで、農業構造変動の方向を視野に入れつつ、
みどり戦略の重要な柱とされる有機農業の経営面積の拡大のための課題を考え
ることにしたい。

## ２．環境保全型農業直接支払交付金の実施状況と課題
### （１）環境保全型農業直接支払交付金の狙いと仕組み

　環境保全型農業直接支払交付金は日本型直接支払制度の１つであり、農業の
持続的な発展と農業の有する多面的機能の発揮を図るため、農業生産に由来す
る環境負荷を軽減するとともに、地球温暖化防止（温室効果ガス排出削減への貢献）
や生物多様性保全の推進等に効果の高い農業生産活動を支援するものである。
みどり戦略を構成する重要な政策の１つということができる。

　農業者の組織する団体、一定の条件を満たす農業者等を対象に、（ア）主作
物について販売することを目的に生産を行っていること、（イ）国際水準 GAP
を実施していること（指導や研修に基づく取組の実践であり、認証取得を求めるもの
ではない）、（ウ）環境保全型農業の取り組みを広げる活動（技術向上や理解促進に
係る活動等）取り組んでいることを要件に、化学肥料、化学合成農薬を原則５
割以上低減する取組と合わせて行う地球温暖化防止や生物多様性保全等に効果
の高い営農活動に交付金を支給するものである。

　支援対象となる取り組みは全国共通取組と地域特認取組とに分かれている（図

図12-2 環境保全型農業直接支払交付金

【支援対象取組・交付単価】
化学肥料、化学合成農薬を原則5割以上低減する取組と合わせて行う以下の取組
▶ 全国共通取組　　国が定めた全国を対象とする取組

| 全国共通取組 | | 交付単価<br>（円／10a） |
|---|---|---|
| 有機農業<sup>注1)</sup> | そば等雑穀、飼料作物以外 | 12,000円 |
| | このうち、炭素貯留効果の高い有機農業を実施する場合<sup>注2)</sup>に限り、2,000円を加算。 | |
| | そば等雑穀、飼料作物 | 3,000円 |
| 堆肥の施用 | | 4,400円 |
| カバークロップ | | 6,000円 |
| リビングマルチ<br>（うち、小麦・大麦等） | | 5,400円<br>（3,200円） |
| 草生栽培 | | 5,000円 |
| 不耕起播種<sup>注3)</sup> | | 3,000円 |
| 長期中干し | | 800円 |
| 秋耕 | | 800円 |

注1) 国際水準の有機農業を実施していることが
　　要件となります。有機JAS認証取得を求める
　　ものではありません。
注2) 土壌診断を実施するとともに、堆肥の施用、
　　カバークロップ、リビングマルチ、草生栽培の
　　いずれかを実施していただきます。
注3) 前作の畝を利用し、畝の播種部分のみ耕起
　　する専用播種機により播種を行う取組です。

▶ 地域特認取組　地域の環境や農業の実態等を踏まえ、都道府県が申請し、国が承認した、地域を限定した取組（冬期湛水管理、炭の投入等）
　　※交付単価は、都道府県が設定します。※配分に当たっては、全国共通取組が優先されます。
＊本制度は、予算の範囲内で交付金を交付する仕組みです。申請額の全国合計が予算額を上回った場合、
　交付金が減額されることがあります。

12-2)<sup>4)</sup>。地域特認取組を幅広く認めることで環境保全型農業への取組者の
幅を広げ（すそ野の拡大）、全国共通取組を取り入れてもらいながら、有機農業
に発展させていこうという構図になっている。有機農業の交付単価は2019年度
までは8,000円/10aだったが、2020年度から1万2,000円／10aに増額される
とともに、リビングマルチ、草生栽培、不耕起播種、長期中干し、秋耕などが
全国共通取組として新たに加わるようになった。この変更はみどり戦略が打ち
出される前年に行われている。

## （2）環境保全型農業直接支払交付金の実施状況
### ―伸び悩む実施面積―

　環境保全型農業直接支払交付金については事業評価が行われているが、農林
水産省のHPに公表されている資料を使って実績を確認することにしたい。

図12-3　環境保全型直接支払実施面積の推移

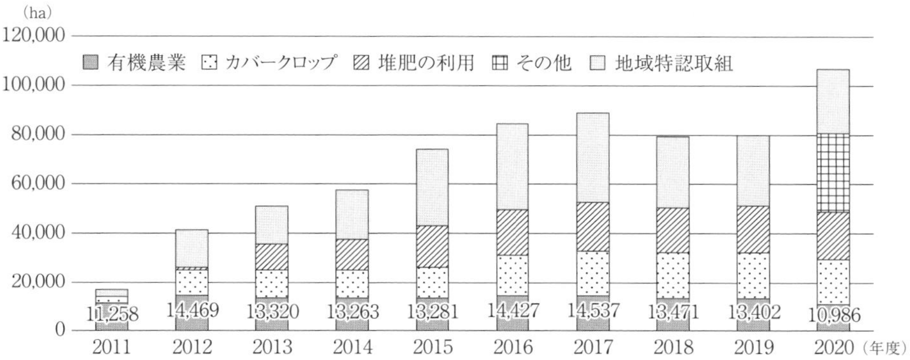

(ha)

■ 有機農業　⊠ カバークロップ　▨ 堆肥の利用　⊞ その他　□ 地域特認取組

| | 2011 | 2012 | 2013 | 2014 | 2015 | 2016 | 2017 | 2018 | 2019 | 2020 (年度) |
|---|---|---|---|---|---|---|---|---|---|---|
| | 11,258 | 14,469 | 13,320 | 13,263 | 13,281 | 14,427 | 14,537 | 13,471 | 13,402 | 10,986 |

資料：農林水産省 HP 公開資料より筆者作成

注1）2020年度から有機農業の取り組みは「国際水準の有機農業」に要件が変更されている

　2）「その他」は2020年度から創設されたもので、その内訳は草生栽培60ha、不耕起播種259ha、長期中干し3043ha、秋耕564haとなっている。

　図12-3は環境保全型直接支払実施面積を示したものだが、2011年度から順調に拡大を続けていたが、2017年度の8万9,000haをピークに減少に転じ、2020年度に新たな全国共通取組が加わることで一気に10万haを超えるという推移をたどっている。ただし、10万haを超えたといっても日本の農地全体に占める割合はわずか数％にすぎない。また、2020年度も新たな区分である「その他」の面積を差し引くと7万4,000haとなってしまい、残念ながら増加傾向にあるとはいえない。実施面積の内訳で最も多いのは地域特認取組だが、やはり、それも2017年度の3万6,000haをピークに2020年度には2万6,000haまで1万haも減少している。環境保全型農業のすそ野は広がっていないということだが、全国共通取組のバリエーションと実施面積は増えており、今後の行方を見守りたい。問題は有機農業の実施面積の減少が続いていることである。2017年度には1万4,500haまで増加したが、2020年度は交付単価が8,000円から1万2,000円に1.5倍になったにもかかわらず前年度から2,400ha以上減少して1万1,000ha弱となってしまった。この面積が今後も伸びないようでは数値目標の実現は難しいだろう。

　次に支払われた交付金額の実績を示した図12-4をみてみよう。同交付金の

図12-4　環境保全型直接支払交付金額の推移

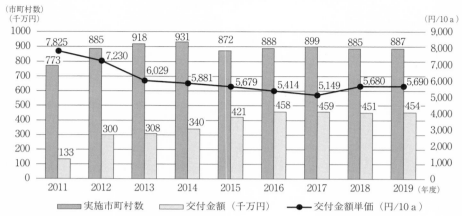

資料：農林水産省 HP 公開資料より筆者作成
注：交付金額は国と地方公共団体が交付した額の合計であり、交付金額単価はそれを実施面積で割って算出した

　実施市町村数は2014年度の931をピークに減少しているが、近年は890弱で安定的に推移している。交付金額は2015年度に30億円台から40億円台へとジャンプアップし、2017年度の45億9,000万円をピークに漸減傾向にあるが45億円をキープしている。面積当たりの平均交付金額は、2011年度が7,825円／10 a と最も高く、2013年度は6,000円台、2014年度には5,000円台となり、2019年度は5,690円／10 a となっている。単価の高い有機農業が減少しており、全体に占める割合も小さくなっていることがその背景にある。2020年度以降は有機農業の交付単価が大きく増加したのでどうなるか分からないが、有機農業も含めた環境保全型直接支払交付金は10 a 当たり5,000～6,000円の支払いであり、作付け転換を促すための水田活用の直接支払交付金の単価と比べると明らかに見劣りしており、この交付金が環境保全型農業、さらには有機農業の拡大を直接的にもたらすとは考えにくい。

## （3）環境保全型農業直接支払交付金の今後の課題
### ─面積拡大の鍵を握る稲作─

　環境保全型農業への取組状況には地域差がある。図12-5は地域ブロック別

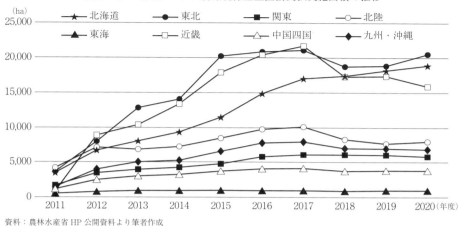

図12-5　地域ブロック別環境保全型直接支払実施面積の推移

資料：農林水産省HP公開資料より筆者作成

にみた環境保全型直接支払実施面積の推移を示したものだが、もともとの農地面積が大きいことを差し引いたとしても東北が2万haの実績を挙げており、それを北海道が追いかける展開となっている。近畿は、琵琶湖の水質保全と密接な関連を有する環境保全型農業が滋賀県で早くから展開していたこともあり、2017年度には東北を抑えて一時トップに立ったが、近年は減少傾向にある。近畿の健闘は環境保全型農業と稲作との関連の強さをうかがわせるものである。

　そこで作成したのが、作目別の環境保全型直接支払実施面積の推移を一覧した図12-6である。ここから分かるように面積では水稲が圧倒的に多く、2017年度には6万haを超え、2020年度も5万5,000haとなっている。次が麦・豆類であり、北海道での取組面積が大きいと考えられる。一般的に有機農業への取り組みが多いと考えられる野菜や果樹は、相当な労働力が必要とされ、経営規模も大きくはないため取組面積はどうしても小さくならざるを得ず、いも・野菜類、果樹・茶の面積は伸びていない。

　2020年農業センサスは、農業経営体、経営耕地面積、基幹的農業従事者という基本3指標の減少率の幅が拡大する一方で大規模経営への農地集積は進んでおり、構造変動の結果として水田作経営や酪農など土地利用型大規模経営が農地利用に与える影響は高まっている。目標面積実現の鍵を握っているのは、酪

図12－6　作目区分別環境保全型直接支払実施面積の推移

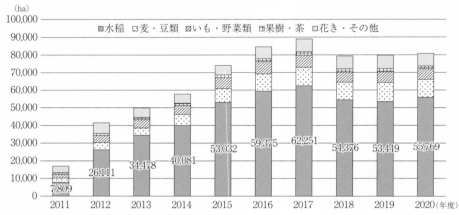

資料：農林水産省 HP 公開資料より筆者作成

農をはじめとする畜産経営の放牧と全国的な広がりのある稲作だと考えられるのである。

## 3．環境保全型農業・有機農業の取組状況
### ―センサスにみる動き―
### （1）環境保全型農業・有機農業の取組状況の推移
#### ―全体として減少傾向―

　農林業センサスは2005年から2015年にかけては環境保全型農業の取組状況を調査していたが、2020年はそれがなくなり、代わって有機農業の取組状況の調査となっており、連続した統計を作成することはできないが、それらをまとめたのが表12－1である。環境保全型農業に取り組んでいる農業経営体の割合は2005年から2010年にかけて増加し、全国および都府県で半分、北海道では7割に達したが、2015年には大きく減少し、2005年の水準を下回る結果となった。2015年時点での環境保全型農業取組実経営体割合は、全国では34％、都府県で33％、北海道で47％となった。センサスの数字をみる限り、北海道は都府県よりも環境保全型農業に積極的という結果となっている。

　取り組んでいる具体的な内容をみると、都府県は堆肥による土づくりが少な

表12-1　環境保全型農業・有機農業の取組状況の推移

| | 年 | 環境保全型農業取組実農業経営体割合（％） | 化学肥料低減（％） | 農薬低減（％） | 堆肥による土づくり（％） | 有機農業取組実農業経営体割合（％） |
|---|---|---|---|---|---|---|
| 全国 | 2005 | 46 | 29 | 36 | 29 | — |
| | 2010 | 49 | 35 | 40 | 28 | — |
| | 2015 | 34 | 21 | 26 | 16 | — |
| | 2020 | — | — | — | — | 6 |
| 北海道 | 2005 | 62 | 36 | 42 | 45 | — |
| | 2010 | 71 | 55 | 55 | 52 | — |
| | 2015 | 47 | 29 | 33 | 30 | — |
| | 2020 | — | — | — | — | 8 |
| 都府県 | 2005 | 46 | 28 | 36 | 29 | — |
| | 2010 | 49 | 34 | 40 | 27 | — |
| | 2015 | 33 | 20 | 26 | 16 | — |
| | 2020 | — | — | — | — | 6 |
| 組織経営体 | 2005 | 23 | 15 | 17 | 16 | — |
| | 2010 | 38 | 30 | 31 | 23 | — |
| | 2015 | — | — | — | — | — |
| | 2020 | — | — | — | — | — |

資料：各年農林業センサスより筆者作成
注：「—」はデータがないことを示す

く、減少傾向にある。耕畜連携は弱いということのようだ。最も多いのは農薬の低減、次が化学肥料の低減となっている。これに対して北海道は、2005年当初は化学肥料の低減が相対的に少なかったが、2015年時点では3つの取組割合に大きな差はみられなくなっている。

　農業経営体の中では組織経営体は2005年から2010年にかけて環境保全型農業への取組割合を大きく伸ばしている点が目を引く。この時期は旧品目横断的経営安定対策の影響を受けて集落営農の設立とその法人化が進んでおり、そうした動きと関連している―集落単位での水田を対象とした営農活動が環境保全型農業につながっている―可能性がある。

　有機農業への取組状況は2020年センサスから調査項目となったが、当然のこ

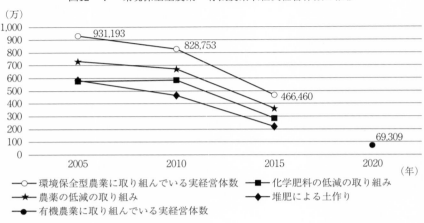

図12-7　環境保全型農業・有機農業取組実経営体数の推移

資料：各年農林業センサスより筆者作成

　とではあるが、環境保全型農業よりもハードルは高いため、全国と都府県では
6％、北海道でも8％にすぎない。

　以上の数字は、環境保全型農業のすそ野の拡大は停滞していること、有機農
業の取組割合は1割未満にとどまっており、この数字を伸ばしていくのには容
易ではないことを物語っている。

　次に環境保全型農業や有機農業に取り組んでいる農業経営体の実数の変化を
みておこう。農業経営体の総数が減少傾向にあるため、実数が減っていても割
合は増加していることがあることから念のため実数を確認することにしたい。
図12-7から分かるように、2005年から2010年にかけて全国的に環境保全型農
業への取組割合は大きく増加したが、それは実数の増加というよりも農業経営
体総数の減少による影響であったと考えることができる。ただし、農薬や化学
肥料の低減に取り組む農業経営体数は微減ないし変化していないことから、全
体的に投入量の削減が進んだ時期だったと考えることができるかもしれない。
しかし、2010年から2015年にかけては環境保全型農業に取り組んでいる農業経
営体が83万から47万へと45％近くも減少したことは大きな後退と言わざるを得
ない。そして、有機農業に取り組んでいる農業経営体はこの7分の1の7万弱
しかいないのである。

## （2）農業経営組織別にみた環境保全型農業の取組状況
### ―稲作単一経営の取組数が多い―

　環境保全型農業直接支払交付金のところでみたように、取組状況には作目によって大きな差がある。図12－8と図12－9は農業経営組織別にみた環境保全型農業取組経営体の実数を円グラフで示したものである。

　どの農業経営組織も2005年から2010年にかけてその数を減らしているが、稲作単一経営や露地野菜単一経営の減少率は小さく、この2つが占める割合は2010年には増加しており、合計で半分を占めている。特に稲作単一経営の割合は44％と大きく、環境保全型農業の主力となっている。一方、減少率が高いのは複合経営とその他だが、その内訳は不明であり、どういったタイプの経営で取り組みが後退しているのかは分からない。

　　　図12－8　農業経営組織別環境保全型農業取組農業経営体数（2005年）

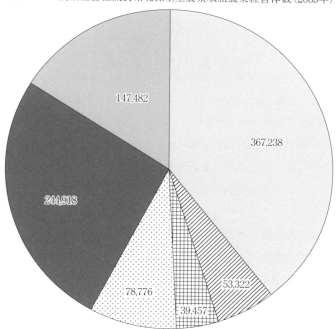

資料：各年農林業センサスより筆者作成

図12- 9　農業組織別環境保全型農業取組農業経営体数（2010年）

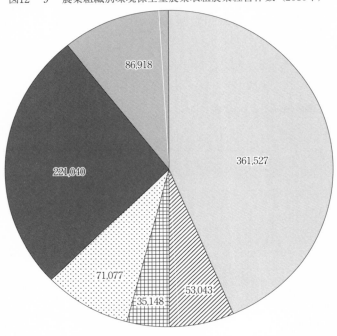

資料：各年農林業センサスより筆者作成

　公表されているデータの制約があるため2010年までではあるが、環境保全型農業を推進する場合、稲作での拡大を柱としたうえで、目指すべき水田利用方式を検討していくことが重要な課題とすることは言えそうである。

## （3）作物別にみた有機農業の取組状況

　有機農業の取組状況は2020年のデータしかないが、環境保全型農業と同じく、作物によって差があることが確認できる。

　表12- 2は有機農業に取り組んでいる農業経営体に占める各栽培作物別経営体数の割合、有機農業作付面積に占める作物別作付面積の割合、有機農業に取り組んでいる農業経営体1経営体当たりの当該作物の作付面積を示したものである。この表から分かるように、有機農業に取り組んでいる農業経営体の半分

表12-2　有機農業取組経営体と作付面積の作目別構成

（単位：ha）

|  | 作付経営体数 | 作付面積 | 1経営体当たり<br>作付面積 |
|---|---|---|---|
| 水稲 | 51% | 53% | 1.72 |
| 大豆 | 4% | 4% | 1.79 |
| 野菜 | 36% | 16% | 0.75 |
| 果樹 | 18% | 8% | 0.76 |
| その他 | 10% | 19% | 3.25 |

資料：2020年農林業センサスより筆者作成
注：1）有機農業取組実農業経営体の合計に占める割合
　　2）複数の作物を作付けている経営体があるため作付経営体数の割合の合計は
　　　100%を超える

表12-3　作付経営体に占める有機農業割合

|  | 作付経営体数（%） | 作　付　面　積（%） |
|---|---|---|
| 計 | 7 | 4 |
| 水稲 | 5 | 5 |
| 大豆 | 4 | 3 |
| 野菜 | 9 | 7 |
| 果樹 | 7 | 8 |

資料：2020年農林業センサスより筆者作成
注：1）販売目的に栽培している農業経営体に占める割合
　　2）飼料用は販売目的の水稲栽培には入っていない
　　3）その他に該当するものは販売目的の栽培にない

は水稲を作付けており、次が野菜で3分の1以上となっている。作付面積をみると水稲が半分以上を占めて圧倒的に多いのに対し、有機野菜を栽培している農業経営体の数は多いものの全体に占める面積の割合は2割を切っている。また、有機稲作の平均作付面積は2ha弱となっており、それほど大規模というわけではないようだ。注目されるのはその他である。経営体数では1割だが作付面積では2割を占めており、1経営体当たり作付面積では3.25haと水稲や大豆を大きく上回るなど有機農業の作付面積の拡大に大きく貢献している。どのような作物で作付面積が大きいかが分かると有機農業拡大にとって有益な示唆となるのだが、残念ながらこれ以上のことは分からない。

　次に当該作物を作付けている農業経営体に占める有機農業に取り組んでいる農業経営体の割合と当該作物の作付面積に占める有機農業作付面積の割合を示

した表12-3をみていただきたい。野菜9％、果樹7％で水稲の5％を若干上回っており、作付面積でも野菜7％、果樹8％で水稲の5％を若干上回るという結果となっている。この表で示されている作物は限られるが、作付経営体数と作付面積の割合はほぼ同じであり、これを前提とすると有機農業面積割合の拡大には取組農家数を増やすことが重要ということになる。ただし、実面積の増加を考えた場合は、1経営体当たりの栽培面積の大きな水稲や大豆での取り組みの推進の方が効果は高いということである。

## 4．おわりに―求められる直接支払いの充実―
### （1）有機農業推進のための政策の枠組み―産地形成と需要拡大―

　有機農業の拡大のための政策の特徴は、有機農業の拠点を形成しながら普及を図るという点にあり、人材育成・産地づくり・バリューチェーン構築という手順で産地としての成長を目指すという手法がとられてきた（図12-10）。前者の拠点形成についてはオーガニックビジネス実践拠点づくり事業として、後者

図12-10　有機農業拡大のための政策

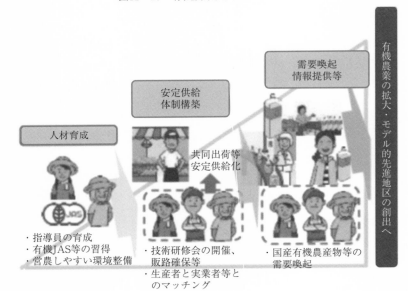

の産地としての成長については有機農業推進体制整備交付金、有機農産物安定供給体制構築事業、国産有機農産物等バリューチェーン構築推進事業として実施されてきた。実際、有機農業で有名な山形県高畠町、茨城県八郷町、埼玉県小川町などをみても地域的なまとまりを有しながら展開してきた歴史があり、それを踏まえた現実的な政策といえる。

　みどり戦略後も基本的な政策の手法に変化はないが、2022年度の概算要求では「持続的生産強化対策事業」は「みどりの食料システム戦略推進総合対策」に衣替えとなり、モデル的先進地区を創出し、2025年までに100市町村でのオーガニックビレッジ宣言が目標として前面に掲げられることになった[5]。そこでは「地域ぐるみで有機農業に取り組む市町村等の取組を推進するため、地方自治体のビジョン・計画に基づく有機農業の団地化や学校給食等での利用など、有機農業の生産から消費まで一貫し、農業者のみならず事業者や地域内外の住民を巻きこんで推進する取組の試行や体制づくりについて、物流の効率化や販路拡大等の取組と一体的に支援し、有機農業推進のモデル的先進地区を創出」すると記されている。有機農業の拠点の増加をこれまで以上に強力に推進しようということである。

## （2）伸長する大規模水田経営をターゲットとした政策の必要性

　有機農産物のマーケットはまだ小さいので、販路拡大とセットで有機農業の普及を図ろうというのが基本的な枠組みであり、着実な政策ではあるが、しかしながら、有機農業生産面積の拡大、さらに言うと地球温暖化抑止的な農地利用面積の拡大という点では不満が残る。有機農業は生産コストを増加させ、販売価格は割高となるため、生産だけを増やしても売れなければ定着しないし、生産コストの増加を償えるだけの直接支払予算はなく（環境保全型直接支払交付金の有機農業への支払いは1万2,000千円／10aにすぎない）、生産者サイドを強力に後押しして面積を増やすことは難しいという認識があるのではないか。ここは後者の状況を変えて、生産者サイドに直接働きかけることを求めたい。

　表12－4は大規模経営への農地集積率の推移を示したものだが、これをみると分かるように2020年には都府県でも5ha以上層に半分の農地が集積されてお

表12-4　大規模経営への農地集積率の推移

（単位：％）

| | 5ha 以上 | 10ha 以上 | 20ha 以上 | 30ha 以上 |
|---|---|---|---|---|
| 全国（年） | | | | |
| 2005 | 43 | 34 | 26 | 21 |
| 2010 | 51 | 42 | 33 | 26 |
| 2015 | 58 | 48 | 37 | 30 |
| 2020 | 65 | 55 | 44 | 36 |
| 北海道（年） | | | | |
| 2005 | 97 | 91 | 76 | 62 |
| 2010 | 98 | 93 | 81 | 67 |
| 2015 | 98 | 95 | 84 | 71 |
| 2020 | 99 | 96 | 87 | 75 |
| 都府県（年） | | | | |
| 2005 | 21 | 11 | 6 | 4 |
| 2010 | 32 | 20 | 13 | 9 |
| 2015 | 40 | 27 | 17 | 12 |
| 2020 | 50 | 36 | 25 | 18 |

資料：各年農林業センサスより筆者作成

り、10ha 以上層で36％と３分の１以上、20ha 以上層で25％と４分の１、30ha 以上層でも18％と２割近くに達している。経営耕地面積全体が減少の度合いを強めている中での構造再編なので、その点を割り引かなければならないが、大規模経営への農地集積は進んでおり、その増加ポイントも2010年から2015年にかけてよりも2015年から2020年にかけての方が大きくなっている。この構造再編は水田において顕著であり、稲作面積に占める大規模経営のシェアが高まっているのである。前述したように有機農業の取組経営体数と面積ともに稲作が半分を占めていることを鑑みれば、こうした大規模水田経営で環境保全型農業や有機農業の拡大を図ることの効果は小さくないように思う。

　また、2020年センサスにおける経営耕地面積規模別にみた有機農業に取り組んでいる農業経営体割合は、0.5ha 未満層1.8％、0.5〜1.0ha 層5.3％、１〜3ha 層7.3％、３〜5ha 層9.4％、５〜10ha 層10.6％、10〜30ha 層10.9％、30〜50ha 層8.5％、50〜100ha 層7.0％、100ha 以上層6.8％となっており、経営規模の拡大とともに増加傾向にあるが、最も多いのは５〜10ha 層あるいは10〜30ha 層となっている。この５〜30ha 層は家族経営の稲作の担い手の規模に当たり[6]、ここへの重点的な支援が環境保全型農業・有機農業の面積拡大の鍵となると考

える。

　環境保全型農業直接支払交付金の増額は難しいかもしれないが、米の生産量削減という生産調整とのリンケージは検討されてもよいように思う。かつてLow Input Sustainable Agriculture（LISA）という低投入型持続可能農業が提唱されたことがあったが、減収分への補填といった方法を使って生産調整に取り入れてはどうか。水田の畑地的利用を広げ、田畑輪換を推進するとともに[7]、粗放的な農地管理と土壌中の炭素含量の増加に貢献するカバークロップとして緑肥作物の栽培も生産調整の支援の対象としてもよいのではないか。アジアモンスーンの象徴が水田であるとすれば、最終的には生産調整を抜本的に見直し、地球温暖化対応を視野に入れた水田利用方式と水田農業のグランドデザインを描き[8]、この領域での直接支払いの拡充を求めたいということである。みどり戦略が農政理念も含めた本当の意味での政策転換となるかどうかの試金石はここにあるのではないだろうか。

## 注

1 ）https://www.maff.go.jp/j/kanbo/kankyo/seisaku/midori/index.html
2 ）https://www.maff.go.jp/j/kanbo/kankyo/seisaku/midori/attach/meadri_guruguru.jpg
3 ）https://www.maff.go.jp/j/kanbo/kankyo/seisaku/midori/attach/pdf/team1-153.pdf
4 ）https://www.maff.go.jp/j/seisan/kankyo/kakyou_chokubarai/attach/pdf/mainp-79.pdf
5 ）https://www.maff.go.jp/j/seisan/kankyo/yuuki/attach/pdf/yosan_yuuki-22.pdf
6 ）農産物販売金額規模別の有機農業への取組割合をみても、50万円未満層4.6％、50万〜100万円層5.8％、100万〜500万円層7.8％、500万〜1,000万円層10.4％、1,000万〜3,000万円層10.3％、3,000万〜5,000万円層9.2％、5,000万〜1億円層8.1％、1億〜5億円層5.8％、5億円以上層2.6％となっており、家族経営の稲作の担い手が多いと考えられる500万〜3,000万円層で最多となっている。なお、農業経営主の年齢別の有機農業取組割合は、39歳未満層9.2％、40〜64歳層6.5％、65〜74歳層6.6％、75〜84歳6.1％、85歳以上4.9％となっており、青年層での取組割合が高い。
7 ）田畑輪換は多肥多農薬技術に対する代替可能性を有しており、「自然⇔人間関係という最も基礎的なレベルでの農業及び農業技術の特質に関する認識」（183頁）から注目する必要があることが中島（1988）によって指摘されている。
　　また、欧州の共通農業政策でも2013年改革で直接支払いにグリーニング支払いが導入されたが、その要件として放牧、輪作、生態学的重点用地の３つがあげられて

いる。この区分の輪作に田畑輪換は該当する。2013年改革については安藤（2016）を参照されたい。
8）20年前に宇佐美（2002）は我が国の水田利用を５つの類型に区分・再編することを提起したが、そうした作業を本格的に行うことが「待ったなし」に求められているということである。当時の提案は、①畑転換田・畑地21〜28万 ha、②田畑輪換田・水田105万 ha、③固定水田119〜112万 ha、④③のうち環境保全田、⑤水田本地以外のすでにかい廃または永年作物が栽培されている「水田」26万 ha であった。例えばこれをより環境保全的性格を強化する形でリバイスしてはどうか。重要なのは米の需給調整ではなく、水田利用方式の確立から政策を設計することである。

## 参考文献

安藤光義（2016）「2013年 CAP 改革の経緯と結果」『農業市場研究』第24巻第４号
中島紀一（1988）「水田利用方式の転換と耕地管理」日本農業経営学会編『水田農業確立への途』農林統計協会
宇佐美繁（2002）「米の需給調整政策から農業振興政策への転換」『食料自給率向上と水田営農再構築の課題』（農業の基本問題に関する調査研究報告書28）農政調査委員会

〔2021年10月16日　記〕

# 第13章　有機畜産、放牧による有機農業100万 ha は可能か

荒　木　和　秋

## 1．課題

　みどりの食料システム戦略（以下、みどり戦略）は、2050年までに耕地面積の25％、100万 ha の有機農業の目標を掲げた。しかし、2018年におけるわが国の有機農業の面積は2万3,700ha、0.5％でしかないことから（「有機農業をめぐる事情」農水省、令和2年9月）、この数値目標は非現実的である。みどり戦略では、有機農業の面積が伸びない理由については触れておらず、「有機農業の取組面積拡大に向けた技術革新」として面積増のための様々な革新技術が列挙されているが（「みどりの食料システム戦略」農水省、令和3年5月）、農業基本法以降の農業政策の反省なしには有機農業の振興はありえないであろう。

　そうした不明確な側面はあるものの、大胆な有機農業の振興を打ち出したみどり戦略は画期的である。そこで現実と目標のギャップを埋める作業が必要になってくる。

　有機農業を推進するためには、誰がどのような作物を作るかが課題である。2018年における有機農産物の作付面積は、野菜が66.1％を占め、米が12.4％であり両者で8割を占める（農水省「有機農業をめぐる事情」令和2年9月）。そこから現在の有機農業の担い手は小規模家族経営が主体となっていることが推察されるが、みどり戦略では担い手が不明確である[1]。

　そこで仮に、担い手を野菜作や米作の小規模家族経営を想定しても、有機農業の大幅な面積拡大への期待は難しい。期待されるのが有機畜産である。酪農や肉牛の家族経営は、耕種経営に比べて面積規模が大きいからである。また放牧経営の有機経営への転換のハードルは低いからである。

　本章では放牧や有機飼料用トウモロコシを活用して有機畜産を確立している事例を紹介することで有機畜産の可能性を探りたい。なおここでは酪農を中心に論ずる。


## 2．有機畜産における畜産的土地利用の意味
## （1）わが国における有機畜産の現状

　全国の有機畜産の状況を見たのが表13-1である。有機畜産JAS認証の区分は大きく有機畜産物、有機加工食品および有機飼料である。1つの農家で複数の認証を受けているケースもあり、実質的な有機畜産の農場数は少なくなる。地域別では北海道が最も多く、国内の41事業者（重複）の78％を占めている。続いて関東の6事業者、15％で他地域はわずかである。

　品目別に見ると、有機飼料は牧草、デントコーンが多くなっている。有機濃

表13-1　有機JAS認証事業者-取扱品目（2021年11月）

|  |  | 北海道 | 関東 | 中部 | 中国 | 九州 | 海外 |
|---|---|---|---|---|---|---|---|
| 飼料 | 牧草 | 9 | 1 |  |  |  |  |
|  | デントコーン | 4 |  |  |  |  |  |
|  | 牧草・デントコーン | 3 |  |  |  |  |  |
|  | 大豆・牧草 | 1 |  |  |  |  |  |
|  | 子実トウモロコシ・デントコーン | 1 |  |  |  |  |  |
|  | 有機飼料 | 1 |  |  |  | 1 |  |
|  | おから |  | 1 |  |  |  |  |
|  | 米 |  | 1 |  |  |  |  |
|  | 大豆、穀物、混合飼料など |  |  |  |  |  | 6 |
|  | 小計 | 19 | 3 |  |  | 1 | 6 |
| 畜産物 | 酪農・牛肉 | 1 |  |  |  |  |  |
|  | 牛肉 | 1 |  |  |  |  | 1 |
|  | 酪農 | 3 | 2 |  |  |  |  |
|  | 乳製品・菓子 | 5 |  |  |  |  |  |
|  | 養鶏 |  | 1 |  |  |  |  |
|  | 鶏卵 | 3 |  | 1 | 1 |  |  |
|  | 小計 | 13 | 3 | 1 | 1 |  | 1 |
|  | 計 | 32 | 6 | 1 | 1 | 1 | 7 |

資料：農水省・食品局ホームページ及び㈱ACCIS資料より作成

厚飼料（穀物）は海外で見られる。畜産物（加工を含む）は、乳製品・菓子とその原料提供元の酪農がそれぞれ5件と多くなっている。その他、鶏卵5件、牛肉1件、養鶏（鶏肉）1件、酪農・牛肉1件と有機農産物に比べ極めて少なくなっているのがわが国の有機畜産の現状である。

## （2）有機畜産と畜産的土地利用

　有機畜産の2本柱は、有機飼料給与とアニマルウェルフェアである。有機飼料は耕種作物と同様、化学肥料、農薬の不使用などの環境保全条件のもとでの農産物的特徴を持つ一方、アニマルウェルフェアは家畜の飼養管理に重点をおいているため家畜の生活の快適性の確保のため一定以上の面積が求められる。日本では放牧地面積の有機畜産物 JAS 基準は畜舎面積と同じく（乳牛4㎡、肉牛5㎡）とわずかである[2]。一方 EU では1ha 当たり0.8頭とされている[3]。そうした EU 並みの基準が日本に導入されれば、飼料的な意味ではなく飼育空間的な意味から農地面積が必要になってくる。いわば「アニマルウェルフェア的土地利用」が必要になってこよう。

## （3）有機畜産と放牧

　有機飼料とアニマルウェルフェアの2つの条件を備えている飼養方式が放牧である。慣行の放牧地では農薬散布はあまり見られない。化学肥料は散布される場合があるものの採草地に比べて少なく、有機肥料などに代替すれば有機草地になり、有機畜産が可能である。

　また、放牧は化石燃料の使用量が少ないことから環境保全型農業の一形態である。放牧と通年舎飼いを比較すると、放牧は牛が草を採食し、糞尿を草地に排せつするため人の管理作業は少ない。一方、通年舎飼いの場合は、牧草の収穫、サイロ貯蔵、牛への給与が飼料作業工程である。同様に、牛舎で排泄された糞尿も牛舎外への運び出し、貯留施設での保管、搬出後の草地での散布が行われる。そこでは、多くの機械、施設の投入と建設が行われるほか、労働力と化石エネルギーが投入されコストを高くする。以上のように放牧の作業工程は非常にシンプルであり、人間の労働を牛自ら行うことで人間の作業量を少なく

している[4]。

## 3．酪肉近方針下におけるみどり戦略
### （1）酪肉近とみどり戦略の政策概要と基本的性格の違い

　畜産政策において2020年3月に「酪農及び肉用牛の近代化を図るための基本方針」（以下、酪肉近）が出され、わずか1年余り後の21年5月にみどり戦略が出された。両者が継続性と親和性を持っていれば現場での浸透は容易であるが、内容は「水と油」の関係であるためみどり戦略の推進は容易ではない。酪肉近は「大型投資を伴う法人化、大規模化路線」と言われる[5]。その基本的性格は、輸入穀物に依存する非循環型、非持続型政策であるのに対し、みどり戦略は持続型環境保全政策である。

　酪肉近の政策構成は、第1基本的指針、第2需要に対応した生産の長期見通し、第3近代的経営の基本的指標、第4集乳・乳業の合理化、の4つの項目である。

　一方、みどり戦略の政策構成は、1はじめに、2本戦略の背景、3本戦略の目指す姿と取組方向、4具体的な取組、5工程表等であるが、農林水産業や食品産業、食品流通産業など広範囲に及ぶため畜産分野の言及はわずかである。唯一触れられているのは、「4具体的な取組」の中での「畜産における環境負荷の低減」で、①ICT機器や放牧などを通じた省力的・効率的飼養管理技術の普及、②子実用とうもろこし等による自給飼料の生産拡大、③ICT機器による事故率低減や家畜疾病予防、④革新的ワクチン開発、⑤診断手法開発による畜産生産技術普及、⑥アニマルウェルフェア向上のための技術開発・普及である。

　みどり戦略の畜産分野の具体的取組は、21年6月に公表された「持続的な畜産物生産の在り方検討会」の「中間とりまとめ」（以下、持続畜産報告に略）に示されている。持続畜産報告の構成は、Ⅰはじめに、Ⅱ基本的な考え方、Ⅲ戦略に基づく具体的な取組内容、Ⅳまとめ、からなっており、Ⅲにおいて、1家畜生産に係る環境負荷軽減等の展開、2堆肥の広域流通・資源循環の拡大、3国産飼料の生産・利用、4有機畜産、5畜産物の持続性、そのための6生産者の

努力・消費者への理解醸成の構成となっている。

## （2）酩肉近と持続的畜産中間報告の相違

　酩肉近と持続畜産報告の比較を共通する生産基盤について対比したのが表13
－2である。第1に酩肉近の「Ⅴ持続的発展の、3持続的な経営の実現と畜産
への信頼・理解の醸成」の拡張版が持続畜産報告であるが、新たな項目として
「4有機畜産の取組」が登場している。

　第2に生乳や牛肉の生産量について、酩肉近は具体的な増産目標を掲げてい

表13－2　酩肉近と持続畜産報告（みどり戦略）の比較

| | 大・中項目 | 小項目 | 内容 |
|---|---|---|---|
| 酩肉近 | Ⅲ生産基盤強化・具体策 | 1．肉用牛・酪農経営の増頭・増産 | 増頭・増産 |
| | | 2．高収益経営育成・経営資源継承 | 高収益経営・規模拡大・新規就農継承 |
| | | 3．経営支援・人材確保 | 外部支援組織育成強化・多様な人材 |
| | | 4．家畜排泄物管理利用 | 経営内循環、耕種農家利用、バイオガスプラント、堆肥ペレット化 |
| | | 5．国産飼料基盤強化 | 輸入飼料依存畜産から国産飼料立脚畜産への転換、 |
| | | 6．経営安定対策 | 配合飼料価格安定制度の適切運用 |
| | Ⅴ持続的発展 | 1．災害に強い畜産経営 | 非常用電源・飼料備蓄・家畜共済・保険への加入 |
| | | 2．家畜衛生対策 | 水際検疫の徹底・国内防疫の徹底 |
| | | 3．持続的な経営の実現 | GAP・HACCP、アニマルウェルフェア、放牧推進 |
| 持続畜産報告 | Ⅲ戦略に基づく具体的な取組内容 | 1．家畜の生産に係る環境負荷軽減 | |
| | | （1）家畜改良 | 生涯乳量の向上 |
| | | （2）飼料給与 | メタン及び一酸化窒素削減対応飼料 |
| | | （3）飼養管理 | ICT機器や放牧の普及 |
| | | （4）家畜衛生・防疫 | 飼養管理基準遵守徹底、ワクチン開発 |
| | | 2．良質堆肥の広域流通・資源循環拡大 | 堆肥の広域流通・ペレット化、堆肥輸出 |
| | | 3．国産飼料生産・利用 | 放牧推進・国内飼料基盤立脚の生産 |
| | | 4．有機畜産の取組 | 放牧型畜産の推進 |
| | | 5．他畜産物制生産の持続性取組 | HACCP、薬剤耐性菌対応、アニマルウェルフェア |
| | | 6．生産者の努力・消費者への理解醸成 | 環境負荷軽減等の生産方式による畜産物認証 |

資料：「酪農及び肉用牛の近代化を図るための基本方針」農林水産省、令和2年3月

るが、持続畜産報告およびみどり戦略では、増産についての記述は見当たらない。

　第3に酪肉近の基本方針は規模拡大路線であるが、持続畜産報告、みどり戦略においては、規模拡大の記述は見られない。

　第4に共通点として、家畜排泄物に関する項目である。酪肉近では、「4家畜排せつ物の適正管理と利用推進」、持続畜産報告では「2耕種農家のニーズにあった良質堆肥の生産や堆肥の広域流通・資源循環の拡大」である。両政策とも堆肥のペレット化による広域流通やバイオガスプラント（強制発酵施設）を推奨している。

　第5に酪肉近、持続型畜産ともに自給飼料振興を打ち出している。

　このように両者には相違点と共通点が見られる。

## （3）酪肉近の規模拡大路線の行き詰まり

### 1）畜産クラスターの取組

　わが国の酪農・畜産では経営規模拡大路線が基調になっている。その政策の柱が畜産クラスター事業である。そこで地域の具体的事例を見ると、道東のS町では4戸の協業法人が設立され、15年にクラスター事業によって牛舎建築が行われ年間4,000トンの生乳生産目標に向けて増頭が行われている。その事業費は約7億7,000万円であり、補助率50％が推察される[6]。

　また、同じく道東のK町では、第1期畜産クラスター計画（現状年2013年、目標年18年）で目標の生乳生産量10万トンが達成され、第2期畜産クラスター計画（現状年2018年、目標年23年）では13万トンの目標に向けた取り組みが行われている[7]。

　しかし、21年11月には生乳の生産調整案が出てきたことで、こうした畜産クラスター事業による規模拡大に水を差す事態となっている。

### 2）酪肉近にみる規模拡大路線の行き詰まり

　酪肉近は、その規模拡大路線の行き詰まりを自ら"証明"している。酪農経営指標として、土地条件の制約が小さい地域（主として北海道）3類型、土地条

件の制約が大きい地域（主として都府県）3類型の計6類型が提示されている。

　飼養方式は、類型1の放牧以外は、全て通年舎飼いである。それらの農業所得及び主たる従事者1人当たり所得を見ると、類型5（経産牛100頭）では、2,710万円と1,350万円であるのに対し、類型6（同200頭）では2,870万円と960万円であり、従事者1人当たりでは類型6は類型5に比べて29％減となっている。規模拡大のメリットは存在しない。

　また、頭数規模を増大するために法人化して常雇5人、臨時雇1人の体制にした場合、経営主にとっては生産管理や労務管理が増大し肉体的、精神的負担が増大するため、わずかな総額所得の増大を相殺することになる。

　さらに、生産コスト（生乳1kg当たり費用合計）は北海道の類型2の84円に対し法人経営の類型3では93円、都府県では類型5の96円に対し法人経営の類型6では106円とそれぞれ高くなっている。これでは国民経済や国際競争力の観点からも大規模経営の存在意義が問われてくる。スケールメリットが生じないことは規模拡大路線の行き詰まりを意味していると言えよう。

### 3）みどり戦略は自給飼料に立脚した酪農を実現できるか

　北海道における乳牛の産乳能力を測定する牛群検定事業の成績の数値を年間産乳量別経営の技術指標をみると、産乳規模が大きいほど1頭当たり乳量は多く、また多くの濃厚飼料（配合飼料）を給与している。例えば2,000トン以上（平均3,767トン）の出荷の経営（メガファーム）は経産牛1頭当たり年間3,827kgの濃厚飼料を給与しており、これは加入戸数が最も多い300〜399トンの2,838kgの135％に当たる。持続畜産報告では、「飼料の国際価格動向に左右されない国内の生産基盤に立脚した足腰の強い生産への転換」とするものの、現実には配合飼料価格が高騰しても配合飼料価格安定制度によって濃厚飼料多給体制は保障されている。この濃厚飼料多給・高泌乳牛酪農の構造を、果たしてみどり戦略は変えることができるかが課題である。

　また、アニマルウェルフェアに関わる数値がこの表からも読み取れる。2,000トン以上の加入牛率は37％、除籍牛率は32％であり、300〜399トンの25％と26％に比べ高くなっている。大規模層ほど牛の入れ替えが激しく、乳牛の

寿命が短いことが推察される。

## ４．持続型畜産における放牧の意義
### （１）放牧の政策における位置づけ

　放牧については酪肉近でも位置付けられ、「放牧は、適切な草地管理を行うことによる資源循環とともに、アニマルウェルフェアや飼養管理、家畜排せつ物処理、飼料生産の省力化による働き方改革にも資する取組である」や「放牧の活用や飼料米等の国産飼料の生産・利用の拡大を通じた飼料の安定確保・コスト低減」とされ、酪農では集約放牧、肉用牛では水田放牧が推奨されている。また、みどり戦略では「放牧等を通じた省力的かつ効率的な飼養管理技術の普及」として取り上げられ、持続畜産報告でも、「放牧は省力化だけでなく、飼料コストの低減、燃料や電力等のエネルギー節減の観点からも重要である」と指摘している。

### （２）放牧を推進する施策

　放牧の推進については「酪農飼料基盤拡大推進事業」（環境と調和した酪農生産構造の確立）（平成20年度）において放牧加算として登場している。その後、名称が変わる中で放牧は継続して位置付けられてきた。ただし、全面的に放牧を推進するものではなく、2021（令和３）年度における補助要件１万5,000円/ha（200haまでの部分）では、飼料作付面積が北海道で40a/頭（都府県10a）以上で、環境負荷軽減メニュー10項目のうち２項目を選択することになっているが、放牧はそのうちの１項目にしか過ぎない。畜産政策においては環境保全の中の一手段として位置付けられてきたと言えよう。

### （４）北海道における放牧経営の姿

　北海道の新規就農者が採用する放牧の類型としては、放牧地を区切って１日や半日で牛を移動させる集約放牧、区切らず大牧区で放牧する定置放牧、その中間で放牧地を大きく区切り２～３日で牧区を移動する中牧区放牧の３つの類型がある。このほか従来からの放牧で既存の酪農家の多くが行う定置放牧と同

様の大牧区で放牧する粗放放牧がある。定置放牧と粗放放牧の違いは、前者が放牧地の草丈や草量を管理するのに対し、後者はあまり管理しないのが特徴である。そのため、粗放放牧では牧草の食べ残しによる徒長や雑草の侵入が見られるのに対し、定置放牧は牧草が短く保たれているのが特徴である。

　そこで道東の足寄町における新規就農者の経営概況をみたものが表13-3である[8]。5戸の草地面積49.6ha（平均）の内訳をみると、放牧地24.3ha、採草放牧兼用地15ha、採草地10.9ha で、放牧地の割合は49％である。採草放牧兼用地とは一般的には1番草を採草して、2番草以降を放牧にする草地の使い方である。

表13-3　新規就農者牧場と北海道30～50頭規模との比較（2018年）

| | | ① | ② | ③ | ④ | ⑤ | 平均 | 北海道 |
|---|---|---|---|---|---|---|---|---|
| 経営概況 | 入植年次 | 2001 | 2012 | 2003 | 2010 | 2010 | — | — |
| | 放牧方式 | 集約 | 定置 | 定置 | 集約 | 中牧区 | — | — |
| | 生乳生産量（トン） | 233 | 250 | 191 | 182 | 212 | 214 | 638 |
| | 経産牛頭数（頭） | 61 | 42 | 33 | 31 | 24 | 38.2 | 88 |
| | 経営耕地面積(ha) | 87.7 | 62 | 44.8 | 22.6 | 38 | 49.6 | 62.7 |
| | うち放牧地（ha） | 55.5 | 15 | 19.3 | 14.2 | 17.3 | 24.3 | — |
| | うち兼用地（ha） | 32.2 | 29 | 5 | 8.8 | 0 | 15 | — |
| | うち採草地（ha） | 0 | 18 | 20.5 | 0 | 16.1 | 10.9 | — |
| 経産牛1頭当面積(ha) | | 1.4 | 1.5 | 1.4 | 0.7 | 1.6 | 1.3 | 0.7 |
| 粗収入（万円） | | 4,841 | 3,623 | 2,787 | 2,941 | 2,783 | 3,395 | 9,401 |
| 経営費・万円 | 飼料費 | 630 | 301 | 336 | 729 | 523 | 504 | 2,368 |
| | 肥料費 | 0 | 61 | 34 | 0 | 104 | 40 | 244 |
| | 農薬衛生費 | 108 | 122 | 6 | 78 | 38 | 70 | 195 |
| | 動力光熱費 | 267 | 150 | 124 | 116 | 154 | 162 | 338 |
| | 減価償却費 | 735 | 338 | 258 | 596 | 155 | 416 | 1,867 |
| | 農業共済掛金 | 0 | 0 | 14 | 17 | 31 | 12 | 221 |
| | その他 | 1,627 | 569 | 610 | 623 | 672 | 821 | 2,474 |
| | 計 | 3,368 | 1,541 | 1,382 | 2,159 | 1,677 | 2,025 | 7,707 |
| 税引農業所得（万円） | | 1,473 | 2,083 | 1,405 | 782 | 1,106 | 1,370 | 1,695 |
| 農業所得率（％） | | 30.4 | 57.5 | 50.4 | 26.6 | 39.7 | 40.4 | 18.0 |

引用：『よみがえる酪農の町』から作成，原資料：2018年青色申告決算書，「営農類型別統計」
　　　北海道の経産牛頭数＝搾乳牛頭数73.7×1.2＝88頭である。
　　　北海道の粗収入には農外所得および年金等の収入は含まない。租税公課諸負担を加えた。

　経営規模についての5戸の放牧経営と北海道の統計数値の通年舎飼い（平均）を比較すると、北海道平均は生乳生産量638トン、経産牛頭数88頭、経営耕地面積62.7haであるが、放牧経営5戸は、出荷乳量214トン（対北海道34％）、経産牛頭数38.2頭（同43％）、経営耕地面積49.6ha（同79％）と規模は北海道平均に比べて小さい。

　そのため粗収入は、北海道平均9,401万円に比べ3,395万円（36％）、また農業経営費では北海道平均の7,707万円に比べ2,025万円（26％）と少ない。しかし、農業所得（税引き）は、北海道平均の1,695万円に比べ放牧経営は1,370万円（81％）と遜色のない水準になっている。

　その理由は、放牧経営は産出量の少なさ以上に投入量が少ないためである。北海道平均が飼料費2,368万円、減価償却費1,867万円、医薬・共済費（農薬衛生費＋農業共済掛金）549万円に対し、放牧経営は飼料費504万円（北海道平均の21％）、減価償却費416万円（同22％）、医薬・共済費82万円（同15％）と少なくなっている。その結果、農業所得率は、北海道平均の18％に対し、放牧経営は40％と高く効率的な経営が行われている。足寄町の新規就農者群の放牧経営は、低投入・高収益型の酪農経営を実現している。

　足寄町の放牧経営38.2頭は酪肉近が示した経産牛80頭の半分の規模でしかないものの、農業所得は経営指標1,610万円に対し1,370万円、81％という高い水準にある。

## （5）放牧は何故広がらないのか

　このように放牧経営の経済的有利性が見られるものの、放牧経営の増加は見られない。足寄町のようにもっぱら新規就農者によって採用されている。彼らの多くが、都会のサラリーマンなど長時間労働を経験したことで、ゆとりのある生活を求めて農村に来たことが背景にある。

　一方、既存の農家の放牧への転換は進まない。その理由は飼養スタイルの転換は、飼養管理技術が違うため草地管理など新たに技術の習得が必要であり大きな冒険になる。配合飼料を減らすことは乳量の減少＝所得の減少になるという懸念からでもある。

　さらに国の畜産予算の大部分は、高投入・高産出の酪農に向けられ、地域経済を潤すことで酪農関連産業や農協の経営にとっても利益をもたらした。放牧経営は片隅に追いやられてきたと言えよう。

## 5．有機畜産による有機農業100万 ha 貢献の可能性
### （1）有機畜産を推進する施策

　酪農・畜産政策の中で有機畜産が補助の対象となったのは2019（平成31）年度からである。既に放牧の推進施策の中で述べた「環境負荷軽減型酪農経営支援事業」（以下環境支援事業に略）において、要件を満たした対象者に１万5,000円/ha が支給されるものの、有機飼料生産への取組（有機 JAS 認証）には３万円/ha の加算が行われるようになった。この加算額は、前年度の事業「飼料生産型酪農経営支援事業」の加算要件の「輸入飼料からの切替」、「乳用後継牛の増頭」から姿を変えたもので大きな政策の転換と言えよう。

### （3）北海道における有機酪農の現状

　そこで表13-1にカウントされている有機酪農の現状について概要を見たのが表13-4である。表13-3の事例を含んでいる。地域は道東、道北が多い。有機酪農（有機飼料を含む）の開始年次は全て2000年以降であり、特に2019年以降が４経営と新しい。企業形態は株式会社が多いが、No.1は地区のグループ事例でもともと８農家の集まりであったが、２戸が離農し、３戸が協業法人を作ったことで、現在１法人と３戸の個別経営のグループ（共同生乳出荷）となっている。面積は経産牛１頭当たり3ha 以上の経営が３事例と豊富である。自給飼料は牧草のほかデントコーンである。No.4は全て有機飼料は海外からの輸入で自給飼料は作っていない。乳製品加工は No.1、No.5は行っておらず生乳販売のみで、No.4は生産物の生乳は地元の乳業会社で加工、パッケージにして東京の大手スーパーに全量販売を計画しており、実質的には大手スーパーとの契約生産である。No.2、No.3、No.6は牛乳のほかヨーグルト、チーズなどを作って自家販売を行っている。

　以上見るように、北海道の有機酪農の特徴は、最近年の開始が多いこと、企

表13-4 北海道における有機酪農経営の概要

| | 1 | 2 | 3 | 4 | 5 | 6 |
|---|---|---|---|---|---|---|
| 地区 | オホーツク | 留萌 | オホーツク | 石狩 | 上川 | 十勝 |
| 開始年時 | 2006 | 2019 | 2013 | 2022 | 2020 | 2020 |
| 企業形態 | 農家グループ3戸・1法人 | 株式会社（家族主体） | 株式会社 | 株式会社 | 家族経営 | 株式会社（子会社） |
| 頭数（頭） | 242 | 70 | 50 | 85 | 32 | 4 |
| 面積（ha） | 300 | 230 | 120 | 0 | 100 | 14 |
| 経産牛1頭面積（ha） | 1.2 | 3.3 | 2.4 | 0 | 3.1 | 3.5 |
| 生産乳量 | 2,078（'18） | 300 | 270 | — | 130 | 15 |
| 自給飼料 | 牧草・デントコーン | 牧草 | 牧草、デントコーン | | 牧草 | 牧草 |
| 乳製品加工 | — | 牛乳・牛乳豆腐・プリン・ヨーグルト | 牛乳、ヨーグルト、チーズ、発酵バター、ソフトクリーム | | | チーズ・ヨーグルト・牛乳 |
| 有機加工 | 大手乳業会社で加工 | 自社 | 自社 | 乳業メーカー（委託） | | 自社 |
| 販売方法 | 大手乳業会社 | 北海道フェア（物産展）、問屋、道の駅、シンガポール、ネット販売 | 直売店、宅配、ホテル、航空会社、 | 大手スーパー（東京）の店舗で販売 | 地元乳製品加工業者、レストラン | 関連会社自然食品店、グループ会社社員販売 |

資料：聞き取りによる
注：No.1の数値は、法人設立前（2020年）の7戸の数値である。No.4は計画である（2021年11月）

業形態は家族経営および1戸1法人の株式会社と他産業からの参入が見られる。頭数規模は比較的小さいものの、経営耕地面積は100ha、200ha を超える経営も見られる。加工は3経営体が牛乳及び乳製品の製造を行っており、3経営体は生乳販売のみで加工は行っていない。有機酪農を大別すると自給飼料を基盤に家族経営から展開した有機酪農経営体と大手スーパーの要請で輸入有機飼料を原料とした有機酪農会社の2つに大別される。

## （3）北海道における有機酪農経営の現状

有機酪農の類型は、有機畜産および加工を行う経営と自給飼料のみの有機認

証を受ける有機飼料生産経営の２つである。

　後者は、さらに自給飼料の販売を目的とする畑作農家と環境保全に関心を持って草地の有機認証を受けた酪農家が存在する。畑作農家は有機酪農家からの要請で有機飼料の受託生産を行っており、代表的な事例が津別町の有機酪農グループに有機トウモロコシ（イアコーン）を提供する近隣地区の農家である。一方、有機飼料の認証を受けた酪農家は草地面積を多く所有することから「環境負荷軽減支援事業」の３万円 /ha 加算が誘因になっている。

　そこで、有機畜産経営と有機飼料経営および慣行経営の経済性について調査を行い（2021年10～11月）、北海道平均の経営（「営農類型統計」）と比較したのが表13－5である。No.1は有機畜産経営、No.2、No.3は牧草の有機 JAS 認証を受けた経営である（認証は2021年に受けたものの環境支援事業の交付金は22年初めに支給されているため有機加算は含まない）。一方、慣行の No.4は、経産牛１頭当たり面積が37a であるため環境支援事業の支給条件である飼料作物作付面積40a/頭以上を満たしてないことから支給を受けていない。これらの助成を含めた農業粗収入はほぼ経産牛頭数に比例している。経産牛１頭当たり粗収入ではNo.1の58.5万円を除き、100万円前後である。それに対し、農業経営費は有機経営がほぼ経産牛１頭当たり40万～50万円であるのに対し、慣行の No.4および道統計平均はほぼ80万～100万円と倍になっている。そのため、経産牛１頭当たり農業所得は有機酪農経営の No.1（加工部門は含まない）は20.6万円、有機飼料認証経営の No.2は38.9万円、No.3は33.5万円である。一方、慣行の No.4は18.1万円、道統計平均18.3万円と有機飼料認証経営の高さが際立っている。これは、新規就農者の放牧経営と慣行経営（道統計平均）の比較と同じ構図である。肥料費は No.1、No.2は０、No.3は54万円である。No.3の肥料の内訳は土壌改良剤の炭カル（炭酸カルシウム）である。また、農薬衛生費については、有機経営の３戸は搾乳器機および生乳貯蔵施設洗浄のための消毒液である。

## （5）有機子実トウモロコシ栽培の成功

### １）北海道における子実トウモロコシ栽培の増加

　放牧酪農経営の延長線上に有機酪農の姿を見ることができるが、放牧農家も

表13- 5　有機酪農農家などの経営収支

| 経営類型 | | 有機畜産 | 有機飼料 | | 慣行 | |
|---|---|---|---|---|---|---|
| 農家 | | 1 | 2 | 3 | 4 | 道統計平均 |
| 経営概況 | 出荷乳量（トン） | 300 | 227 | 274 | 1,380 | 638 |
| | 経産牛頭数（頭） | 70 | 40 | 58 | 142 | 86 |
| | 経営耕地面積（ha） | 230 | 62 | 78 | 53 | 54 |
| 粗収入 | 生乳売上 | 2,414 | 2,850 | 2,720 | 15,770 | 6,497 |
| | 個体販売 | 187 | | 1,183 | | 157 |
| | 牧草販売 | 730 | 0 | 0 | 0 | |
| | 環境負荷軽減助成 | 707 | 93 | 117 | 0 | 1,100 |
| | その他 | 60 | 370 | 1,024 | 1,100 | |
| | 計 | 4,098 | 3,313 | 5,044 | 16,870 | 7,754 |
| 経営費 | 飼料費 | 130 | 418 | 378 | 4,712 | 2,919 |
| | 肥料費 | 0 | 0 | 54 | 355 | 240 |
| | 素畜費 | 112 | 3 | 49 | 1,393 | 311 |
| | 農薬衛生費 | 32 | 74 | 85 | 99 | 95 |
| | 雇用費 | 348 | 30 | 342 | 316 | 217 |
| | 動力光熱費 | 81 | 142 | 225 | 575 | 333 |
| | 減価償却費 | 1,276 | 397 | 744 | 2,199 | 1,189 |
| | 修繕費 | 122 | 88 | 21 | 723 | 334 |
| | 荷造運賃手数料 | 161 | 285 | 357 | 3,369 | 535 |
| | 地代・賃借料 | 292 | 80 | 9 | 32 | 291 |
| | 租税公課 | 45 | 97 | 169 | 108 | 194 |
| | その他 | 59 | 158 | 773 | 408 | 664 |
| | 計 | 2,658 | 1,772 | 3,101 | 14,298 | 7,322 |
| | 農業所得 | 1,440 | 1,542 | 1,943 | 2,572 | 1,573 |
| 分析指標 | 農業所得率 | 35.0 | 36.0 | 39.0 | 15.0 | 20.3 |
| | 経産牛1頭当粗収入 | 58.5 | 106.0 | 86.0 | 118.8 | 90.2 |
| | 経産牛1頭当経営費 | 38.0 | 38.6 | 53.5 | 100.7 | 85.1 |
| | 経産牛1頭当所得 | 20.6 | 38.9 | 33.5 | 18.1 | 18.3 |
| | 1ha 当たり所得 | 6.3 | 24.9 | 24.9 | 48.5 | 29.1 |

資料：2020年分所得税青色申告決算書より（No.4は19年）
　　　道平均は『令和元年営農類型別統計』酪農経営（北海道、個別経営）
注：1）道平均の経産牛頭数は搾乳牛頭数72×1.2とした。
　　2）経営費計は牛育成費を控除したものである。生乳売上には補給金、集送乳調整金を含む
　　3）荷造運賃手数料は主として手数料であり、道平均では計上されていない。
　　4）No.1は加工部門は含まない。

含めほとんどの慣行酪農家が輸入穀物を主体とした配合飼料を使用している。ただ輸入飼料穀物の多くは遺伝子組み換え飼料であり、非遺伝子組み換え飼料を使っている酪農経営はわずかである。そうした中、非遺伝子組み換え飼料が国内でも生産されるようになってきた。

　北海道における飼料用のトウモロコシ栽培は、サイレージ（WCS）利用が主体で、最近イアコーン（雌穂）利用が行われるようになり、これに加えて子実トウモロコシの栽培が拡大している。道央地帯では転作作物の小麦や大豆の連作障害によって単収は頭打ちになっていた。そこで新たな輪作作物として子実トウモロコシ（飼料用）が登場した。茎葉を鋤き込むことで緑肥効果があること、深根性のため排水を良くすること、所有する機械が使用できること等などの効果が期待された[9]。2012年には皆無に等しかった栽培面積は2021年には全道で920ha に拡大している。その背景として水田転作に関わる助成金の支給がある。10a 当たりでは「戦略作物助成」３万5,000円および「水田農業高収益化推進助成」１万円のほか各市町村の判断に任される「産地交付金」がある。これらを合計すると10万円近くになる地区も出てきた。

### ２）有機トウモロコシと新たな有機子実トウモロコシの栽培

　網走管内にある津別町では自給飼料の有機栽培を20年前から取り組んできた。有機飼料の自給率向上のため、牧草（サイレージ、乾草）のほか、飼料用トウモロコシについては WCS に加えイアコーン調製を実現した。しかし、より栄養価の高い子実トウモロコシは積算温度が不足するため栽培はできず輸入に頼っていた。そこで注目したのが、平均気温が高い道央地帯であった。

　慣行の子実トウモロコシ栽培は本州以南では農薬の使用が必要となる。一方、道央地帯においては病害虫の発生はほとんど見られない。そこで除草剤を使用しない機械除草技術が確立できれば有機栽培は可能であった。筆者らは有機栽培の中耕除草試験に取り組み、また同時に農家（法人）にも実用栽培を行ってもらい2020年に成功した。そこでの収益性を見たのが表13−6である。

　有機の場合も水田転作に関わる支給条件は慣行と同じである。ただし、販売価格は有機の場合110円（1kg 当たり、税込み）で慣行の38.5円（同）に比べ３倍

表13-6　有機子実トウモロコシの収益と慣行との比較（2020年・10a）　(単位：円)

| 栽培方法 | | 有機 | | | 慣行 |
|---|---|---|---|---|---|
| No | | ① | ② | ①、②の平均 | ③ |
| 収益 | 粗収入（販売額） | 74,625 | 67,650 | 71,138 | 32,121 |
| | 奨励金 | 75,000 | 53,400 | 64,200 | 77,500 |
| | 計 | 149,625 | 121,050 | 135,338 | 109,621 |
| 費用 | 種苗費 | 7,401 | 6,500 | 6,950 | 5,340 |
| | 鶏糞・堆肥 | 14,978 | 16,373 | 15,675 | — |
| | 化学肥料 | — | — | — | 10,000 |
| | 農薬 | — | — | — | 2,679 |
| | 有機認証費 | 793 | 7,400 | 4,096 | 0 |
| | その他 | 49,925 | 51,700 | 51,808 | 54,338 |
| | 計　① | 75,086 | 81,973 | 78,529 | 73,076 |
| 差引利益 | | 74,539 | 39,077 | 56,809 | 36,545 |
| 収量（kg）② | | 678 | 615 | 647 | 851 |
| 面積（a） | | 1,135 | 47 | 591 | 473 |
| コスト（円）①／② | | 110.7 | 133.3 | 121.4 | 85.9 |

資料：荒木他『有機子実とうもろこしの栽培法確立と調査分析研究事業』津別町農協2021

近くになる。費用については、慣行のほうが有機よりもやや少なくなっている。有機では農薬と化学肥料は不要であるが、鶏糞や堆厩肥が必要になる。

　有機経営間での費目の金額差が大きいのは有機認証費で、①の793円に対し②は7,400円である。その理由として、認証費用は面積に関係がないためスケールメリットが働いているためである。

　収益から費用を差し引いた差引利益は、有機経営では①の7万4,539円であり、②は3万9,077円である。両者では単収差（①678kgと②615kg）はあるものの、奨励金が①の7万5,000円に対し②では5万3,400円と2万1,600円の差がついていることによる。市町村間における産地交付金の差が反映している。

　有機実用栽培農家（2戸）平均の実績（20年）では、利益は単収が647kgと低かったものの5万6,809円になり、単収が851kgであった慣行の3万6,545円を大きく上回った。この額は、転作小麦（19年地区法人）の8万4,622円より少ないものの、大豆（19年地区法人）の5万1,839円より多くなった。有機トウモロコシは平年作では800kgは期待できるので、転作小麦に近い利益が確保できる

ことが示された[10]。

## （5）みどり戦略における有機農業100万 ha は可能か

　放牧実施農家の割合は全国で28.7％、北海道で59.1％であるため（平成30年「畜産統計」農水省）、慣行放牧地を有機放牧地に転換することで数値目標実現に大きく期待される。

　有機酪農経営は、環境支援事業のもとで草地の有機 JAS 認証が進んでおり、1 経営体の面積規模が50〜100ha であることから「100万 ha 目標」への貢献度は大きい。仮に100ha 規模の経営体が100出現すれば 1 万 ha となる。また、栽培技術としては有機牧草や有機トウモロコシの栽培技術は完成し実践されている。みどり戦略の課題はこれまでの酪農の潮流を変えることができるかであり、その鍵を握るのは同じく畜産政策の在り方である。

　2021年11月に出された21年度農林水産関係補正予算案をみると、畜産クラスター事業の617億円に対し、みどりの食料システム戦略緊急対策事業は25億円、わずか25分の 1 であり、規模拡大路線が継続していることが示された[11]。また、輸入飼料穀物の価格高騰に対して配合飼料価格高騰緊急対策に230億円が付けられ穀物多給型酪農・畜産経営の継続を保障している。

　しかし飼料価格高騰によって、持続畜産報告が目指している「飼料の国際価格動向に左右されない国内の飼料生産基盤に立脚した足腰の強い生産」が現実問題になってきたことは、みどり戦略の政策の妥当性が評価されよう。みどり戦略の推進のためには、輸入穀物削減の数値目標を設定するなどの具体策が求められる。今後、酪農・畜産政策がどれだけみどり戦略の方針に舵を切るか、その実効性が問われている。

## 注

1 ）小田切徳美（2021）は「みどり戦略には担い手像が不明確である」と指摘している。
2 ）「有機畜産物の日本農林規格」制定平成17年10月27日農林水産省告示第1608号では、家畜 1 頭当たりの最低面積が決められているが、畜舎および野外の飼育場の家畜 1 頭当たりの最低面積は同じである。
3 ）植木美希（2021）「EU の乳牛の飼育面積は平均1ha 当たり0.8頭であり、最も飼育密

度が高いオランダでも3.8頭である」と指摘している。
4 ）荒木和秋（2012）は放牧と通年舎飼いの物質循環と作業工程を簡潔に図示している。
5 ）小林信一（2020）は「バブルが弾け、冬の時代が予想される」と危惧している。
6 ）只野茂仁（2020）全国で畜産クラスター事業によって大型施設投資が進められた。
7 ）林峰幸（2020）北海道の酪農地帯では畜産クラスター協議会が設立され地域振興が図られている。
8 ）荒木和秋（2021）は足寄町の新規就農者の経営状況を詳細に紹介している。
9 ）荒木和秋（2019）は道央地帯の子実トウモロコシ栽培農家24戸のアンケート調査および10戸の経営収支調査を行っている。
10）荒木和秋（2021）らは道央地帯での有機子実トウモロコシの栽培試験および農家の実用試験を成功させている。
11）「農水補正8,795億円」日本農業新聞2021.11.26

## 引用・参考文献

［ 1 ］荒木和秋（2012）「日本酪農は自由化（TPP）に耐えられるか『放牧酪農の展開を求めて』日経済評論社、p255
［ 2 ］荒木和秋（2019）「国産子実トウモロコシ生産の可能性」『農業経営研究』57巻第2号』pp65-70
［ 3 ］荒木和秋（2020）『よみがえる酪農のまち―足寄町放牧酪農物語－』筑波書房
［ 4 ］荒木和秋（2021）「有機子実トウモロコシの経営と経済性」『有機子実とうもろこしの栽培法確立と調査分析研究事業』津別町農業協同組合 pp33-38
［ 5 ］植木美希（2021）「みどりの食料システム戦とアニマルウェルフェア」『どう考えるみどりの食料システム戦略』農文協、pp71-76
［ 6 ］小田切徳美（2021）「「みどりの食料システム戦略」の担い手像」『どう考えるみどりの食料システム戦略』農文協、pp43-48
［ 7 ］小林信一（2020）「リスクにさらされる酪農・畜産の生産基盤回復戦略は確立されたか」『農村と都市をむすぶ』全農林労働組合、pp88-94
［ 8 ］只野茂仁（2020）「 4 戸が協業で生産基盤を強化し、地域酪農を牽引」『畜産コンサルタント No.664』、中央畜産会2020、pp23-27）
［ 9 ］林峰幸（2020）「生乳生産量10万 t 達成に向け、増頭・増産体制を目指す」「畜産コンサルタント No.664』、中央畜産会2020、pp32-35

〔2021年12月 8 日　記〕

# 第14章　有機農業25％が実現した農村社会の姿

蔦 谷 栄 一

## 1．はじめに

　大変な難題をテーマにいただいてしまった。本テーマでは多様な領域・分野を統合的に把握しておく必要があるとともに、それぞれにたくさんの変数が絡み、とうていこれを学術的に積み上げて整理することはかなわない。ではあるが、2050年にみどりの食料システム戦略（以下「みどり戦略」）の目標である有機農業比率25％が実現したとした場合、日本の農村社会がどうなっているのかは、大いに興味をそそられるテーマではある。

　いろいろと思案した挙句ではあるが、みどり戦略自体がバックキャスティング方式で作成されていることもあり、有機農業25％が実現されることを前提に、勝手ながら直観を主にして、このためにはどのような条件が必要とされるのか、これに2050年までの間に予想される環境変化等をも織り込んで整理してみることにした。そのうえで、実現するための条件や環境の変化等によって逆に規定されることによりいかなる農村社会の姿となる可能性があるのか、という流れで論を進めていくこととしたい。

## 2．みどり戦略の進捗をどう見るか

　農水省のみどり戦略の資料によれば、みどり戦略は2020年代は若干の進捗にとどまるが、2030年代に入って進捗の度を増し、2040年代に進捗が加速することによって目標が実現することを見込む（期待する）形となっている。筆者もみどり戦略の目標が実現するとすれば、同じような曲線を描くように考える。しかしながら、進捗をもたらす動因を農水省は「成長への技術革新」、すなわ

ちイノベーションに求めているが、筆者は主たる動因は技術、イノベーション以上に現場の取組意識（取組意欲）が大きいと考える。現状、農業者を含む国民の多くは地球温暖化もみどり戦略もいわば“他人事”であり、本音ではいずれ「何とかなる」と思っている人が大部分なのではないか。ところがさらなる地球の温暖化に伴って、それまでの「何とかなる」から、身近に迫る温暖化で身の危険を痛感し始めることによって“自分事”となり、“人類の危機”を乗り越えていくために、まさに切羽詰まってみどり戦略を含めた“生き残り策”に本気で取り組むことになり、そうしてやっと結果的に目標を実現することになる公算が高いように考える。

　ところで2015年12月に合意を見たパリ協定は、「世界の平均気温の上昇を産業革命以前に比べて2℃より十分低く保ち、1.5℃に抑える努力をする」「そのため、できるかぎり早く世界の温室効果ガス排出量をピークアウトし、21世紀後半には、温室効果ガス排出量と（森林などによる）吸収量のバランスをとる」という長期目標を掲げている。これに先立ち国連は地球温暖化に貧困問題、格差是正等も含めて、2030年をゴールに、17の目標、169の達成基準を設けたSDGs（持続可能な開発目標）を15年9月に採択しており、これに連動して各国で様々の領域で取組が開始されている。みどり戦略は日本におけるこうした取組の第1次産業版という位置づけにあるものととらえている。

　そのSDGsにわが国も産業界をはじめとしてそれなりの取り組みを展開しつつあるが、全体としては地球温暖化にしても貧困問題等にしても、その進行を緩和する効果はあっても、事態を改善するまでには程遠い実態にあると見る。恐らくはゴールの2030年にはSDGsの目標の多くは未達に終わり、さらに危機感を増幅させることによって一段と強制力を伴う「次のSDGｓ」を設けて局面の打開を図ろうとすることになるのではないか。

　みどり戦略への取り組みも、「次のSDGs」が始動する頃から本格化することになるものと想定する。そこでみどり戦略への取組みを、その転換期をはさんで前期と後期に分けて考えていくことにする。（後閲の図14-2を参照のこと）

## 3．みどり戦略前期

みどり戦略では、①カーボンニュートラル、②農薬50％低減、③化学肥料30％低減、④有機農業比率25％（100万ha）、等の目標が掲げられている。

みどり戦略の現場への浸透にはけっこうな時間を要し、2022年には「日本オーガニック会議」（仮称）が立ち上げられ、生産者、消費者、自治体・行政が一体化して取組方策等について協議する場が設けられ、とりあえずは学校給食等の取り組みが起点となって有機農業が振興されるのではないかと思われるが、有機農業比率は2020年代末で現状の実質0.5％が１～２％に増加するのがせいぜいではないか。有機農業が微増にとどまる一方で、農薬や化学肥料の低減はそれなりに進むように考える。すなわち有機農業25％を達成する道筋には大きく２つあり、a）直接有機農業に取り組む途と、b）農薬・化学肥料の低減をすすめボトムアップしながら有機農業を目指す途、とがあるが、aは点から線へと取り組みは増加しても面にはなかなか至らず、面的に展開しやすいbの取り組みが先行するように思われる。

ここで日本では何故有機農業が進展しなかったのか、について確認しておきたい。その理由として一般的に挙げられるのが、①政策のあり方・支援の不足、②アジアモンスーン地帯にあり病害虫・雑草が多い、③流通が未整備、④生産者の経営面（収量減・販売価格等）での不安、⑤消費者の理解不足、である。しかしながら、①では有機農業推進法が施行され、環境直接支払いも措置されてはいる。②も同じアジアモンスーン地帯にある隣国の韓国は、有機農業比率は1.2％、無農薬栽培等も含む親環境農業では4.8％（2016年）の成果を挙げており、取り組みが困難ではあっても、これを乗り越えることは可能であることを証明している。また③も整備は進み、現状ではスーパーでも有機食品を購入することが可能になってきている。④とともに⑤は引き続き課題として残ってはいるが、その両者の根底には⑤として"人と違ったことはしない"という日本人の集団意識の存在があるように思う。生産者にも消費者にも強固な集団意識が存在していることを見逃すことはできず、この集団意識を崩していく、あるいはこれを逆手にとって活用していくことなくして④、⑤を払しょくしていくことはかなわない。つまり生産者は農薬の怖さを実感しながらも、0.5％の割合、

点としての取り組みにとどまる有機農業への参画に対するためらいは大きい。

　また、消費者も、有機であろうと非有機であろうと皆が食べているなら安全・安心に問題はない、大丈夫とする認識・行動が残念ながら一般的であると言っていい。それだけに生産者、消費者ともに有機農業への取り組みや有機食品の選択が一匹狼的な特定の個人の取り組みにとどまっている実情を動かしていくためには、生産者にとっては農協（JA）、消費者にとっては生協が果たすべき役割として期待されるところがきわめて大きく、農協、生協等の協同組合陣営の対応がみどり戦略目標実現のカギを握るとみる。すなわち欧米のような個人的な行動変容は期待しがたいが、協同組合活動として集団で取り組み、特に生産について面的な取り組みを推進していくことにより、課題を克服していくことが求められる。ただし、こうした面的・集団的な取組を前提にすると、一気に有機農業に取り組んでいくことは困難であり、減農薬・減化学肥料栽培を進めることによってボトムアップをはかり、有機農業のレベルに少しずつ近づいていくという道筋をたどることになる可能性が高いと考える。

## ４．JA グループの取組み変容

　その肝心の JA グループであるが、農薬・化学肥料が購買事業の柱の１つであることも手伝ってか、正直なところこれまで有機農業はもちろんのこと、環境問題に対する関心は総じて薄いと言わざるを得ないのが実態であった。もっとも例えば環境保全米に取り組んできた JA みやぎ登米や、BLOF 理論（生態系調和型農業理論）をてこに「1,000人の有機農業者づくり」を掲げる JA 東とくしま、等の先駆的に取り組む JA が存在していることも確かであるが、全体の中では例外的な存在と言わざるを得ない。

　ところが本年（2021年）の10月29日に開催された JA 全国大会で決定した今後３年間の中期計画の取組実践方策の中に「地域の実態に応じた持続可能な農業・農村の振興と政策の確立」が置かれ、その一項目として、「みどりの食料システム戦略をふまえた環境調和型農業の推進」を打ち出している。取り組みを４つのパラグラフに分け、はじめに「JA グループはみどりの食料システム戦略の実現に向けた新たな法的枠組みや政策支援等をふまえ、地方公共団体が

作成するビジョン等との連携や消費者の理解醸成に向けた国民運動の展開など、行政・関係機関が一体となった環境調和型農業の推進に取り組みます」が置かれている。すなわちみどり戦略の実現に向けて環境調和型農業を推進していくことを宣言している。第2パラグラフでは、土壌診断にもとづく適正施肥や耕畜連携による堆肥を活用した土づくり、IPMの推進、自給飼料の生産・利用拡大等に、既存技術を活用した先行事例の横展開・普及、栽培歴の見直しも含めて、地域実情に応じた取り組みにより実践・拡大していくこと。第3パラグラフでは、有機農業等も含め環境調和型農業の取り組みを行政等と連携して地域実態に応じ強化していくことをうたっている。そして最後のパラグラフで、このためGAPを営農指導の基礎と位置づけて、連合会・中央会と連携し、GAPの実践を支援していくこととしている。

このように有機農業をも含めた減農薬・減化学肥料栽培への取り組みを「環境調和型農業」と称して、地域の実情に応じて、既存技術も生かしながら推進していくこととしており、これまでの消極的な姿勢を転換して、化学肥料・化学農薬の使用量削減や温室効果ガスの排出量の低減を目指す。これによって転換を期して着実な取り組みを図っていくための足場が構築されたとみることができ、大いに注目されるところである。これまで環境問題に対して"眠れる獅子"であったJAグループが、やっと目をさまし、歩みを始めようとしているもので、これは"第2のJA自己改革"とも評価すべき画期的な出来事と言っていい。

もっともJA全国大会で環境調和型農業への取り組みが決議されたとはいっても、一気に環境調和型農業に転換していくことは困難であり、現場の理解を獲得しながら可能なところから推進していくことになろうが、地道に環境調和型農業が広がり、減農薬・減化学肥料については着実に進捗していくことが期待される。

## 5．2030年代に転機

　みどり戦略前期は、有機農業は微増にとどまりながらも、減農薬・減化学肥料栽培の取り組みが進行し、徐々にレベルをあげてボトムアップしていくこと

が見込まれ、全体としての環境負荷軽減はそれなりの成果を獲得していく可能性は高いと見る。

　しかしながら、2030年代に入って様相は大きく変わってくることになるのではないか。ここで非常に気に掛かるのが本年（2021年）8月に発表されたIPCCの第1作業部会報告書であり、これは2022年度に完成予定の第6次評価報告書の第1回分にあたる。ここでは産業革命前と比べた世界の気温上昇は2021〜2040年に1.5℃に達すると予測している。2018年に出された同じIPCCの報告書で1.5℃になるのは2030〜2052年としていた予測を10年も早まることになるとしており、既に今現在、1.5℃に達している可能性すらあることを示唆している。すなわちパリ協定で「1.5℃に抑える努力をする」としているものの、1.5℃となるのはもはや眼前の事実と化しつつあることを明らかにしている。

　10年早まった理由として、予測モデルを改良し、新たに北極圏のデータも活用したことが挙げられている。さらにこの第6次報告書は2013年の第5次報告書で「温暖化の主な要因は人間の影響の可能性が極めて高い」としていたものを、「人間の影響が大気、海洋及び陸域を温暖化させてきたことには疑う余地がない」と断定してもいる。

　このように予測モデルが改良され精緻になるほどに温暖化のきわめて深刻な実態が明らかにされつつあり、さらにパリ協定の前提となる予測の見直しは、パリ協定の遵守に頭を痛めている現状に対して、温室効果ガスの排出削減目標のさらなる引き上げを強く求めているといえる。加えてパリ協定の実効発揮の遅れに伴うさらなる温暖化抑制努力が加算されることによって、2030年前後にはパリ協定の基本的見直しとともに、これに「次のSDGs」の動きが連動して、各国に一段と厳しい排出削減目標の設定と取り組みについて国際的にきわめて強い圧力が課せられるようになるのではないかと思われる。

　この時点では、平均気温上昇は1.5℃を上回るようになり、高温、大雨、干ばつ等異常気象が増加・頻発し、熱暑、洪水、土砂崩れ、山火事等身の危険をたびたび直に経験することによって意識の変容を迫られ、いやがうえにも行動レベルで転換を余儀なくされることになるのではないだろうか。

## ６．転換期に何が起こるか（キューバの経験）[1]

　これまでも人類は氷河期を乗り越えて生命を維持してきたが、今、問題にしている気候変動は人類の活動による人為的なものであり、自然の気候変動は避けられないものの、人類の活動によって引き起こされる気候変動によっての高温や大雨等、これらに伴う干ばつ等による食料危機、人類の危機を招くことは許されない。つまりは気候変動対策の最大の課題は食料安全保障の確保にある、と言って差し支えないであろう。

　人為によって食料危機を招いた経験としてすぐ思い浮かぶのは戦争である。太平洋戦争直後の食料不足は、米等の配給と農村への買い出し、そしてアメリカからの食料援助によって何とか最低限の食料は確保してきたが、東京をはじめとする大都市がアメリカ軍の空襲によって焼き払われ、都市機能全体が壊滅的状況に置かれる中での食料確保でもあり、気候変動によるそれと比較するのは適切ではない。

　そうした中で思い浮かぶのがキューバの「special period（平和時の非常時）」と呼ばれる経験である。キューバはスペインの植民地、アメリカの実質支配を経て、カストロによって革命政権が樹立され、土地の国有化と農業の集団化が進められた。そして米ソ対立による冷戦の下、1960年にソ連と外交関係を結ぶとともに、1961年に社会主義化を宣言、1962年にはキューバにソ連のミサイル基地建設とミサイル搬入が明らかとなっての「キューバ危機」が発生した。これを機にキューバはソ連を中心とする社会主義経済圏の１つに組み込まれることになり、農業は砂糖やタバコ等の生産・供給基地として位置づけられ、小麦等の基礎食料は輸入に依存するという極端な分業経済が進行することとなった。それが東西の壁が崩れ、1991年12月にはソ連が解体することによって、ソ連や東欧諸国の経済に大きく依存していたキューバ経済は「革命以来最も深刻な危機」に直面することになる。1980年代末には社会主義国との貿易が全体のほぼ80％を占め、ソ連だけでも60％に達しており、工業製品やエネルギー資源だけでなく、ミルクや小麦等の食料のほとんどを輸入に依存していた。それがspecial period によって輸入はほぼ途絶し、食料やエネルギーをはじめとする物資の激しい不足が発生することとなったものである。

　こうした最中に開催された1991年10月の第4回共産党大会では、多角的国際関係の樹立や外資の導入とあわせて、自給経済への構造転換・再編が打ち出された。その中で農業・食料問題については、食料の国産化、有機農業への転換とともに、国営農場の規模縮小と新たな協同組合形態である協同生産基礎単位（UBPC）の設置、食料自給化のための菜園地の貸与等が進められることとなった。こうした取り組みを推進することになった背景には、エネルギーや農薬・化学肥料に依存してきた大規模農業がspecial periodの発生にともない成り立ち得なくなってしまったことや、大量の化学肥料の使用や連作による土壌の劣化、国営農場の低生産性の問題等があったとされる。

　これに伴い都市では空き地や植え込み等を農地に利用して野菜栽培も行われるようになるとともに都市近郊農業が増強され、都市でも高い自給率を確保するようになったことがレポートされている[2]。また農薬・化学肥料の確保が困難となり、これらを使用できないため結果的にほとんどが有機栽培されることになった。こうした中からオルガノポニコ[3]等の無農薬・無化学肥料ながらも高収量を可能にする栽培方法も編み出されてきた。こうして持続性を確保しながら徐々に摂取カロリーの増加・回復を実現してきた経過がある。既に30年が経過し、経済も回復して落ち着きを取り戻した現在では、都市の市街地で農園を見かけることはまったくなくなっている。また有機農業も一部で取り組みが行われているものの、有機農業への関心は生産者・消費者ともに総じて低いことは、ここで付記しておく必要があろう。

　関連して、キューバ農業の担い手は現在、国営農場、協同組合生産基礎単位（UBPC）、農業生産協同組合（CPA）、信用サービス協同組合（CCS）、独立自営農民（個人農家）の5つの生産組織・形態に分かれる。統計資料を連続して入手できなかったため動向・推移について把握はできないが、special periodの発生以降、国営農場を分割してUBPCに移行させ、UBPCが全国農地の42％を占めるに至っているものの、生産性は低いのが実情とされる。またspecial periodの発生に伴い田園回帰した都市住民がそのまま農村に定着して独立自営農民（個人農家）となっているものも少なくないようである。

　キューバのspecial periodはソ連の解体、社会主義圏の崩壊によってもたら

されたものではあるが、近代化・分業化を目指し食料や生産資材の多くを海外に依存していたということではわが国の実情と共通点は少なくない。ただし、気候変動は急激に進行しているとはいえ相対的に時間をかけて影響を及ぼしてくるとともに、その影響が超長期にわたって続くという点では大きく異なる。しかしながらエネルギーと農薬・化学肥料の大量の使用は、環境負荷や生物多様性の喪失、肥料原料の枯渇によって、従前どおりの使用は許されない状況にあるという意味ではキューバの経験に学ぶことは多いのではないか。

## 7．みどり戦略後期と農村社会

　先にも述べたように、近いうちに気温上昇は1.5℃の壁を越え、2030年代にはパリ協定の基本的見直しや「次のSDGs」をめぐる動きが活発化するだけでなく、人間の温暖化に対する意識も変容して "自分事" として行動する人が増加するなど大きな転換期を迎えることになるとの予測をもとに、ここでみどり戦略後期の進捗とその時点での農村社会の姿をラフスケッチしてみたい。

　キューバでは、Special period に伴い発生したのが食料安全保障、食料の確保・自給化の動きである。このため都市住民は庭や空き地等を農地に転用・活用する動きを始める一方で、都市を離れて田園回帰し農業を開始する動きが加速した。自給化を狙いとするアマチュア農家や小規模農家の急増である。そしてそこでの農業は農薬や化学肥料等の資材不足から、持続性を確保するために有機農業への取り組みを必須とした。

　転換期以降のみどり戦略後期でも、日本はキューバと違った条件・状況もあるとはいえ、似たような動きが進行するように思われる。転換期は高温、大雨等が増加し、干ばつや不作に伴う農業生産の不安定化が進行する。このため食料供給も不安定となって農産物価格は値上がりし、また日本だけでなく各国とも農業生産の不安定化に見舞われることから輸入が滞ることもたびたび発生し、急速に食料安全保障への意識が高まることになろう。付言すれば転換期は温暖化の進行に伴う異常気象の頻発という環境の激化にとどまらず、担い手の中核となってきた団塊の世代のリタイアに伴う担い手不足が一段と深刻化することは必至だ。また、アメリカ農業の土台を支えてきたオガララ帯水層の枯渇が懸

念されるなど、海外の農業事情も含めて農業が抱える構造的な問題が噴出・重なり合い、農業に関係するさまざまな領域で構造的な転換を余儀なくされる時期となる可能性もある。

　このため自給化を念頭に都市では市民農園や体験農園、コミュニティガーデンへの取り組みがこれまで以上に盛んになるとともに、都市から農村への人口移動である田園回帰の流れも加速することになるのではないか。これにより総じて農村は人口が増加するとともに、若い人たちの流入増によって子育ての場にもなり若返りが進むことになる。

　増加するアマチュア農家や小規模農家には有機農業に強い関心を持つ人が多く、有機農業比率の増加をもたらすことになるのではないか。一方、既存の農家は地域営農計画や農協の指導によって減農薬・減化学肥料への取り組みを進めるものも多いが、転換期に入って農薬・化学肥料等資材の価格高騰に加えて、先行的に有機農業に取り組んでいる農家との交流や、移住して新規に有機で農業に取り組む人たちからの刺激もあって、自らも有機農業へと転換する農家が増えてくるのではないか。すなわち減農薬・減化学肥料のボトムアップを進めていく過程で、農薬・化学肥料を減らしていく、引き算することによって有機農業に近づいていくという考え方から、引き算の論理ではなくむしろ資材の低投入が基本であり、土の力、微生物の働きを引き出していくという農業が本来持つ本質に目覚め、有機農業への確信を強めて取り組んでいく農家が増えていくような気がする。これに伴い価値観も変化して農村全体で生産力向上以上に持続性を重視する風土が培われ、公共性、社会的共通資本（コモンズ）を優先する社会へと変わっていくようにも思う（図14−1）。

　かくしてみどり戦略は図14−2のように、前期の減農薬・減化学肥料への取組み先行から、転換期を経て有機農業の伸びが顕著となり、結果的には有機農業25％という目標が実現する可能性はあるのではないか。そしてそれ以上に、併行して着実に増加する減農薬・減化学肥料の取組が大きく寄与することによって、農薬50％低減、化学肥料30％低減は達成され、カーボンニュートラルを実現する可能性が高いように考えられる。

　この時点での農村は、多くの小規模農家、アマチュア農家が大規模農家を支

図14-1　有機農業の本質と近代農業との関係

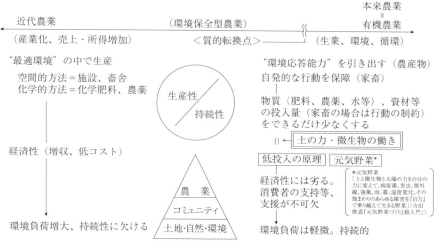

資料：中峯哲夫「有機農業の科学と思想」（『生命を紡ぐ農の技術』（コモンズ）第Ⅲ部）を中心に蔦谷栄一が整理して作成

図14-2　みどり戦略の進捗（イメージ）

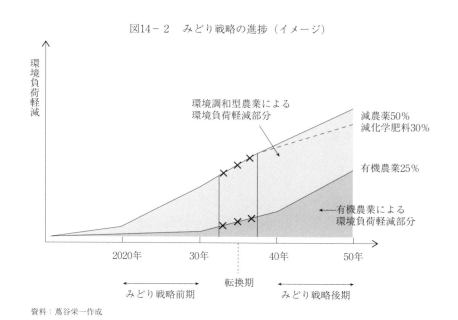

資料：蔦谷栄一作成

えることによって地域農業の維持が図られ、小規模農家・アマチュア農家は有機農業、大規模農家は減農薬・減化学肥料栽培というように棲み分けが進むのではないか。また農家人口の増加は耕作放棄地の活用や放牧の導入を可能とする一方、大雨にともなう治水対策の必要性が高まることによって田んぼダムの普及や広葉樹の植林・山への手入れ等にも力を入れるようになるのではないか。

　こうした農山村の維持や地域農業の振興、有機農業を含む環境調和型農業の推進に農協が大きな役割を果たすとともに、消費者は生協を柱とする協同組合活動に加えて、生産者との直接的な結びつきを強めることにより地産地消、国消国産を推し進め、環境省が掲げる「地域循環共生圏」の創造にもつながっていくことが期待される。

　しかしながら2050年の農村社会は決して"バラ色の未来"というようなものではなく、自然の脅威とまともに向き合い、それだけに自然の恵みに感謝しながら持続性を基本とする"シンプル"な哲学と暮らしぶりが求められる世界になるのではないかと考える。

## 注

1）筆者は2017年2月27日から3月9日までの短期間ではあるがキューバを訪問した。その際の報告書を「小農経営と協同組合農場で自給経済を目指すキューバ」としてまとめ、「日本とキューバ」（日本キューバ友好協会発行）にNo.383〜393で連載した。関心ある向きは当協会HPを参照願いたい。
2）吉田太郎（2002）『200万都市が有機野菜で自給できるわけ』築地書館
3）オルガノポニコは、コンクリートの瓦礫や木で囲んだ枠内に土壌を客土し、残渣等をコンポストで発酵させて作ったたい肥と混ぜて高畝で野菜を栽培する菜園である。

〔2021年10月29日　記〕

**執筆者紹介（執筆順、所属・肩書は執筆時）**

総論　谷口信和（東京大学名誉教授）
たにぐちのぶかず

**第Ⅰ部　みどり戦略にみる「有機農業」の提起をめぐって**
第1章　中島紀一（茨城大学名誉教授・有機農業技術会議代表）
なかじまきいち
第2章　佐々木　衛（JAみやぎ登米常務理事）
ささきまもる
第3章　石井圭一（東北大学大学院農学研究科准教授）
いしいけいいち

**第Ⅱ部　みどり戦略と基本計画等との関係**
第4章　武本俊彦（新潟食料農業大学食料産業学部食料産業学科教授）
たけもととしひこ
第5章　荒川　隆（一般財団法人食品産業センター理事長）
あらかわたかし
第6章　古沢広祐（國學院大學研究開発推進機構客員教授）
ふるさわこうゆう
第7章　大西伸一（日本生活協同組合連合会第一商品本部本部長）
おおにししんいち

**第Ⅲ部　みどり戦略はどこまで「農業政策のグリーン化」に踏み込んでいるのか**
第8章　平澤明彦（農林中金総合研究所執行役員基礎研究部長）
ひらさわあきひこ
第9章　服部信司（東洋大学名誉教授・国際農政研究所代表）
はっとりしんじ
第10章　西山未真（宇都宮大学農学部教授）
にしやまみま
第11章　菅沼圭輔（東京農業大学国際食料情報学部教授）
すがぬまけいすけ

**第Ⅳ部　みどり戦略がめざす農地・国土利用構造と新たな地域社会の実現**
第12章　安藤光義（東京大学大学院農学生命科学研究科教授）
あんどうみつよし
第13章　荒木和秋（酪農学園大学名誉教授）
あらきかずあき
第14章　蔦谷栄一（農的社会デザイン研究所代表）
つたやえいいち

**日本農業年報67** 日本農政の基本方向をめぐる論争点
—みどりの食料システム戦略を素材として—

2022年2月7日　印刷
2022年2月21日　発行　©　　　定価は表紙カバーに表示してあります。

編集代表　谷口　信和
編集担当　安藤　光義
　　　　　石井　圭一

発 行 者　高見　唯司

発　　行　一般財団法人　農林統計協会

〒141-0031　東京都品川区西五反田7-22-17
TOC ビル11階34号

http://www.aafs.or.jp
電話　出版事業推進部　03-3492-2987
　　　編　　集　　部　03-3492-2950
振替　00190-5-70255

Discussions on the basic direction of Japanese agricultural policy
Focusing on Strategy for Sustainable Food Systems,MeaDRI

PRINTED IN JAPAN 2022

印刷　大日本法令印刷㈱　　　落丁・乱丁本はお取り替えいたします。
ISBN978-4-541-04343-6　C3033